成中英文集
第十卷

皮尔士和刘易斯的归纳理论

Peirce's and Lewis's Theories of Induction

成中英 著 杨武金 译

中国人民大学出版社
·北京·

总　序

2006 年，湖北人民出版社出版了我的四卷本文集。在此四卷本文集中，我整合了获得博士学位后所写的一些中文著作。彼时是吾之哲学体系化的酝酿期，是吾之哲学体系化的第一阶段。为充实此四卷本文集，为将更多应收入的文章放进去，如部分英文著作，就有了出版十卷本文集的构想。整理十卷本得到了私淑于我的学生奚刘琴博士的帮助。奚刘琴博士帮助编辑了八本，加上我的两本英文著作的译稿，一起构成了现在所看到的十卷本。

通过这个十卷本，我回顾自己思想的发展性和完整性，有下面两个感想：第一，我的思想在不断发展中，思考面向繁多复杂，对很多问题都有自己的看法，但时间有限，没办法加以发挥。另外，我在海外教学四十余年，有很多发表过的和未发表的英文著述，由于种种原因目前还无法全部翻译，所以这十卷本未能包含我绝大部分英文著作。第二，我的思想近年来有很大的整合性发展，我努力想把自己的思想整合为一个更完整的整体。尽管还没有达到我的理想，但这些整合性的发展使我对中国哲学未来的发展有莫大的信心，这一信念见诸我在 2015 年写的《中国哲学再创造的个人宣言》一文。在这篇文章中，我这样说：

> 我个人对中国哲学再发展的宏图与愿景具有充分的理由和信心，或可名此为哲学自信。基于我的哲学心路历程建立的哲学自信，我提出下列个人宣言：
>
> （1）中国哲学是人类精神传承与世界哲学发展最根本、最重要的成分之一。
>
> （2）中国哲学的发展体现出，也透视出人类多元核心价值的开放统一性格。
>
> （3）中国哲学与西方哲学或其他重要哲学与宗教必须形成一个相互依存的本体诠释圆环。
>
> （4）中国哲学在其根源与已发展的基础上必须发展成为更为完善的本、体、知、用、行体系。
>
> （5）中国哲学的发展关系着人类存亡的命运以及人类生命共同体与和平世界的建立使命。[①]

---

① 成中英：《中国哲学再创造的个人宣言》，见潘德荣、施永敏主编：《中国哲学再创造：成中英先生八秩寿庆论文集》，8 页，上海，上海交通大学出版社，2015。

这个十卷本文集体现了我将自身思想加以体系化的第二阶段之发展。其与四卷本相异之处在于：

第一，十卷本的系统性相当完整，是迄今为止我的学术论著出版规模最为全面的一次，收录了最能代表我思想的各类中文论著，特别是我近十年来发表的论文，包括一部分重要英文论著的中文译稿。因此，本次出版更好地补充了四卷本文集一些衍生的意念，体现出我自己的哲学已更为系统化、一贯化。从四卷本到十卷本，不仅是量的增加，而且是质的系统呈现。

第二，十卷本收入了两部能够代表我学术成就的英文著作的译稿——《皮尔士和刘易斯的归纳理论》与《儒家与新儒家哲学的新向度》，这是有异于四卷本的一大特点，能够使读者对我的英文著作有所了解。

第三，一些个别新论述，包括美学论述及对其他问题的新认识，都被整合了进来。这些整合工作是由奚刘琴博士帮助我完成的。

十卷本文集的出版是我思想的一个里程碑，为以后的整合奠定了基础，同时作为一个比较完整的文献，使我的思想有更好的发展，并与过去的思想有更好的融合。这一过程，我名之为超融，即超越的融合。我希望在今后发展出更多超融的工夫，便于以后的学术研究，促使中国哲学进一步发展。这是我最大的宏愿，希望中国哲学有新的发展和再创造，并能够再辉煌，尤其在今天的世界里面不断地发挥影响，促进中国的发展，促进世界文化的发展与和平。

这个十卷本亦在更广泛的基础上彰显了我哲学体系的规模、结构和内涵，表达了我的思想发展过程，从中能够看到我的重要思想如中国逻辑学的发展、儒学思想的发展、中国管理哲学的发展、中国本体诠释学的发展、中国形而上学的发展、中国政治哲学的发展、知识论的发展、伦理学的发展、美学的发展，其中也提出了很多问题，这是中国哲学当前需要面对和审视的，是对当代中国哲学的一种促进、推动和激励，希望引申出更好的未来。

一、深契西方哲学

我从1985年在北京大学哲学系讲学时，就抱定一个宗旨，即古典的中国哲学和现代的西方哲学应能够建立一个彼此理解的关系。自1965年起，我即开始在美国讲授中国哲学，亦讲西方当代哲学，遂能有此判断。我做这样的努力，就是要把中国哲学从历史的含义激活成为现代的含义，使它能够在知识论、方法论、本体论的观照之下进行一种真理的意识、现实的所指。当然，我注意到过去有些学者喜欢将西方古典哲学与中国哲学对照，将古希腊哲学与儒家哲学甚至道家哲学对照。但我觉得实际上这是远远不够的，我们的后期中国哲学，从宋明到近现代，实际上也不一定要和西方古典流派对比。若能有针对性地用力，最终我们或许可以有一个全方位的现代对古典、中国现代对西方古典、中国古典对西方现代之对比，并把这个意义展开——这是三言两语无法做到的。欲达致于兹，必须先了解一套诠释的理论、诠释的哲学。

1985年之际，我已在北京大学哲学系讲诠释学的概念和方法。我们这一代学人注意到一个清楚的事实：西方哲学的发展在于理论和方法的交相利用。理论的发展需要方法的意识，方法的意识又是理论逐渐发展的基础。理论的重要性在于它能够说明现象，能够更进一步地说明现象中有生的发展之可能性。方法意识是一个指导原则，而且比较具体地告诉我们应该怎样去形成一个整合理念，它有一种逻辑的内涵，是程序、概念的集合。当然，理论和方法在某种意义上是一而二、二而一的，是一个整体。从认识的过程来讲，这是一个方法；从对象来说，这是一种理论。由此观之，西方哲学基本上是从对自然哲学的关注、观察，发展到苏格拉底之"内省"的、对人心理价值观的看法。苏格拉底致力于所谓的"诘问"，以此把人的思想挖掘出来。他看到人的灵魂里面包含着一些隐秘的真理，所以他考察一个奴隶的小孩能否认识几何的真理，此即苏格拉底的"内部启蒙法"。到了柏拉图，提出了"理念世界"之逻辑界定法，形成了将现象与真实一分为二的分野，这样就更有利于掌握真实之为何物。柏拉图之后，就是亚里士多德之观察与推论结合的定义法。到中世纪，是一种权威信仰的方法；其后期，乃有皮尔士所说的形上学之概念和范畴构建法。到近代，最主要的就是笛卡儿的怀疑方法、斯宾诺莎的公理规范法、莱布尼茨的逻辑可能性创建法。至康德，形成了本质概念批判的方法。于黑格尔处，则有"正反合"的辩证法。"正反合"特别有意义之处在于，在"正""反""合"里面，"反"把"正"取消掉了，呈现出一个和过去几乎没有关系的新层次，谓之超验，超越出来。在此以后，最大的改变，就德国学者而言，即是胡塞尔的现象括除法，然后便是海德格尔的内省体验法。这之后，伽达默尔的哲学诠释则是非方法的方法，见其《真理与方法》。最后，是导向后现代主义的德里达之所谓"解构方法"。这些方法的引进，即是理论的引进；理论的引进，也带有新的方法。两者相互为因为果——这实际上是一种"能指"与"所指"间的关系。

英国哲学的传统是以洛克哲学作为基础，探求一种印象，有联想法、建构法。尔后休谟持怀疑主义，完全走向心理经验的印象主义建构法、上帝直觉认知的方法。到近代，随着科学的发展，乃有逻辑失真论的意义鉴定法，要消除形上学、伦理学甚至美学，只能按科学方法、逻辑方法——这是意义的保证，超过此方法则没有意义。这是很极端的。其后，奎因即重新建构，讲"经验的世界"，尤其谓是语言在表达经验，重构科学的知识，通过语言分析和逻辑分析来构建科学真理。总而言之，如今的西方哲学方法愈来愈复杂。

二、反思中国哲学

方法对于理论有其重要性。其实，西方哲学的一大要点就是欲寻求方法之突破，而方法往往要求一种逻辑对思想形式之规范，以及对此种思想形式达到目标之规范，比如胡塞尔的现象法要求"括除"，形式上就要排除联想领域的心理印象，此后方能达到真实存在之显露。任何方法皆同此理，最重要的是外在之规定，以达致对象化的真理目标。问题是，我们的经验往往不能完全排除，不能完全为一个规定好的目标重建，故必须永远寻找新的方法来创造新的理论。新的理论有时而穷，所以必须反复重新规范目的、起点与过程间的关系。

中国哲学重视人在整体感受与对外在世界之观察时所形成的内在之整体真实直观。所谓"真实"，是基于观察而感受、反之而再观察所形成的自然之"真实"，以现有的经验为主体、为要点。其从不排斥现实的经验，而是要从现实的经验当中体验出观察的成果，以去摸索、掌握感受之意义，并形诸文字。这种文字不一定是最精确的，但相对于语境和经验而言，它具有一定的内涵，且因为此内涵是针对现实所呈现出来的现象，故可以没有界限，也可以引申到达无尽，故中国的终极概念均可以被深化、广化，也可以被显身成道家之"太极""无极"，儒家之"本心""本体"，佛家之"菩提""大圆镜智"——此皆是从内在显身到外在的理念。此处所说的是中国化后受儒、道之影响的佛教，其呈现的终极理念，与儒、道的终极理念在逻辑上具有一致性，即其均既无尽、终极而又可说明现象，不把本体和现象看作真实画等的关系，而是将其看作舍远取近、幻中作幻之经验。在这样的传统中，其重点在于以开放的心态来掌握真实，其方法为在观察、感受、沉思等心灵活动中以及在深化、广化过程中整合、融合我们的经验，使它形成对真实世界的观照、投射，引发出创造性活动。在这个思维内，方法已经消融于本体的思维之中，这和西方之方法独立于理论对象真实之外形成明显的对照。

故我认为，中国哲学若要让哲学思想者表达、传播、沟通人与人心灵中之意义，就必须强调大家内在之概念具有沟通性，具有指向的对象性，必须要有方法学以达致此。方法学的重要性在于把已经获得的经验、要融合的经验，用清晰明白的概念（至少）在形式上说得相当清楚；同时，也能将其各层次、步骤、方面、范畴、范围、过程说清楚。当然，兹方法系基于本体思想本身的超融性、丰富性。此方法可以是分析的、逻辑的、语言的、语义的，但必须要能把错综复杂的关系说清楚，说明其包含性和开放性。在这个意义上，方法的提出并不一定要影响到本体的思想。但吾人并不能因为方法消除在本体的体悟、经验中，就忘记方法的重要性。尤其在人类生活实践已非常频繁、交错的今天，现实中有多种不同的生活之功能性活动，故而要把我们重视的概念与所对应的实际生活之界域疏导得足够清楚。这就是一种基本的本体诠释。此基本的本体诠释，亦即"对本体的诠释"，就是基于分析的、系统的方法，强调分析、系统、概念，并且将本体之概念逻辑地、清楚地表达出来。比如孔子的心性之学，我们固然可以引经据典而论其概念之内涵，但为了说明斯者，还应该深化出孔子对生命之体验为何。唯有在生活的了解中才能掌握孔子之语的内涵，否则其一贯之道就无从彰显。我对早期儒家哲学的认识，即在于对《论语》《大学》《中庸》《孟子》《荀子》《易传》等文本进行深度的解读，以掌握其最深刻的、真实呈现的真善美经验与价值规范。表达出的语言结构还须符合系统性、层次性、整体性、发展性，尤其既重其根源，又重其从根源到系统之间的发展过程。此即对本体发生过程之研究，即诠释本体之进程（onto-generative approach）。之所以称本体是方法，是因为它包含着一种为方法而呈现出来的形式。而它又是本体，所谓"即体即用""工夫所至即是本体"。此处"工夫"指进一步深刻地掌握本体经验，到深处去融合、甄定各种差异，以回应现实的需要，以进行更细腻的表达。故我认为，"工夫"是对本体的"工夫"，不等于"方法"，也不等于"应用"。

在本体学里，我们通过工夫来深化本体，此之谓"即工夫即本体"。而如果能深刻地掌握本体学，也能有工夫。因此，工夫是人的心性活动过程之实质体验。而心性又是很复杂的概念，涉及朱子以后的性体情用、感体知用、心体思用、意体志用之整合。斯更开拓出心灵所整体感受到的真实内涵，更能呈现出吾人所能体验的真实。① 夫心智者，既可用以掌握性情，又能面对外在的世界，乃将性情与外在宇宙世界进行整合。这种工夫，可谓之"涵养"。此"涵养"是整体的，酝酿在心中，既不离开对外在世界的观察，也不离开内心的活动。苟将"涵养"与"格物穷理"对照观之，则"格物穷理"更是一种对象化的认知活动，而"涵养"则是将此认知感受加以整合与内在体验之举。需要特别强调的是，过去未能把"涵养"说得很清楚，故吾人作此深度分析，加以经验的认识。进一步地，我们可以对人之存在的自我同一性有所认识。心智是整合性情与宇宙现象的认知活动，开拓了性情和世界共存之终极认识、真实显露。故"工夫所至即是本体"，而此之谓"本体"，系假设我们能真正掌握之。若我们真正掌握了本体之真实感，那么就可以据此进行新知识活动、进行观察。但本体与工夫的密切关联并不代表斯是方法或应用，我所提到的中国传统思考当中，一方面要强调"本体""工夫"之关系是整体的、内在的，另一方面还要强调更外在化的概念分析、逻辑分析、语言分析——此即方法。这些其实也被包含在整体思维活动之中。我认为中国哲学需要进行方法的革新。要建立方法之意识，以帮助我们更好地将传统本体哲学彰显出来，使别人能参与、能认知。不一定能取代别人的真实，但至少能让传统被更好地认识。故曰中国哲学需要方法。

三、揭橥本体诠释

我在上文中提到西方之方法，斯是一种辩证的过程，方法、理论相互超越而产生新的方法、理论。在科学理论方面，其化出了自然主义的知识论；在心灵整合方面，则化

---

① 蔡清《四书蒙引》："意与情不同。意者心之发，情者性之动。情出于性，随感而应，无意者也；意则吾心之所欲也，视情为著力矣。心之所之谓之志，心之所念谓之怀，心之所思谓之虑，心之所欲谓之欲，此类在学者随所在而辨别之，然亦有通用者。"

出了历史主义之心灵哲学、诠释哲学。此二者有对立的一面，以伽达默尔为代表的内在心灵主义论者要把科学知识、方法也纳入诠释体系里面，奎因、哈贝马斯则分别想把心灵哲学、社会哲学纳入基于概念的理论建设中。西方的这些哲学活动重在表达中的概念之建造、整合，而对终极的本体性之真实缺乏深入的探讨。其长期处在二元论、宗教哲学之上帝论的架构中，故难以深入思考"本体"之类问题，而陷入理论与方法的辩证发展、冲突中。在这个意义上，它们很需要一种本体的深化之革新，恰似中国需要一种方法扩大的革新一样。这是因为，西方与中国的传统只有在此转向中才能更好地融合。并不是说完成这种转向就必须要放弃原来的历史经验或哲学思考，而是要建立一个平台、一个层面，以更好地说明人类共同的经验、找到一种共同的语言，通过彼此沟通，形成一个更能解决问题、取消矛盾冲突的生活世界。以上这些是我在 1985 年到 1995 年间所进行的基本思考，思考结果就是本体诠释学。兹在我别的著作中已多有谈及，此处仅是说明其发展之过程。

在这之前，我在从哈佛大学到夏威夷大学执教将近十年的过程当中，于西方哲学方面也做了很多研究。我有一个很鲜明的立场：想确立一个真实的自然世界和一个真实的人生世界。这也许是当时我作为一位具有中国哲学背景之年轻思考者的基本倾向。面对西方那些怀疑论者，我首先是无动于衷，然后是进一步思考其所以怀疑，最后，我的倾向总在于化解此怀疑，而重新建立一种信念，来肯定真实性、生命性。这是一个中国的出发点。在这个意义上，我是非常中国哲学的。在我的根本经验上面，有中国哲学强烈的真实论、生命论、发展论、根源论、理想论之思想。在西方哲学方面，我其实很重视西方的知识论基础问题，为了要强调基础的重要性，我在大学里一直重视康德和休谟的辩论，举例来说，我在写作博士论文时，就进一步用逻辑的辩论来说明知识经验之可能，说明归纳法的有效性。当然，我的这个论证是一个逻辑论证，到今天依然具有其逻辑与科学之价值。面对一个变化多端、内容复杂的世界，我们要理出一个秩序，就必须先凝练出基本的概念，如对事物的质、量、模式之认识，这样我们才能认识具有真实性的世界。我们不能只把世界看成约化的，更不能仅将之看成一个平面物质。在长期的观察与经验当中，显然可以认为：物质世界之上有一生命世界，再上则有一心灵世界。物质世界即是我们看到的万事万物。生命世界是我们对动植物之生长、遗传、再生现象的认识，动植物均有这样的生命周期，在进化论之基础上可以见其变化，而《易传》亦固有"品物流形"之说；我们亦能观察、感觉、思考自身之生命世界。这种思考与感觉是否如笛卡儿所说需要上帝来保证呢？我认为不需要，因为我们整体的思维呈现出相互一致、前后贯穿之整体性，我们对非抽象的具体整体性之认识，使吾生之真实具有高度的必然性。或问：这个世界是否建立在一个虚幻的"空"上？是否处在魔鬼设计的圈套中？或谓生命本就是无常多变的，生死变幻，瞬息而化。但我们也看到，生命之生生不已者前仆后继，如长江后浪推前浪一般。或曰宇宙在科学上有极限，会因"熵"而熄灭——兹前提在于假设宇宙是封闭的。但今人尚无法证明宇宙之封闭性，恰恰相反，其变化性启发我们视之为一个发展的、开放的宇宙。我们假如心胸更开阔一点，就能进行基本的、长期的观察，一如当年中国先哲观天察地而认识到生命之变动不居、生生不息。斯则是真实论之基础。虽有品类参差，我们亦能感受到这种参差，故能在此基础上掌握个别事物之集体性存在特征，由此推演出未来事物、更大领域内事物之相应。

我们不能离开生命观察而单独谈逻辑，所以在成为一个抽象的"世界"概念之前，世界是真实存在的，故据此能从哲学上了解生死关系之可能性推理。诚然，这种推理有主观性，是主观认识之抽象平衡，但在有其他反证来否定这种认识的现象性、规范性之前，它依然是可以被初步接受的。因此，我提到，归纳逻辑需要在大数原则之下、在真实世界之下、在真实论之基础上取得证明，这是我当初的重要论证。我认为，传统乃至近代科学之知识论，多是基于归纳法来认识知识，而不是基于知识来认识归纳法，这是一个倒置。我们若一定要说得更深刻一点，则此二者系相互为用，会形成一个动态的、平衡的关系。归纳法支持知识，知识支持归纳法，由是形成了知识的可能性，我们的世界在这样的保证下，是一个真实的世界。故曰，我的哲学体系既结合了西方哲学之所长，又为西方哲学开辟了一条重要的路线。在这个意义上，我的本体诠释学是一个结合逻辑推理的知识哲学。

另外，正如休谟所关心的，人类的道德价值、社会价值有没有客观性？故而我们会问：人的存在及人存在之现象有没有客观性？在西方，人们还是很强调人性的，柏拉图、亚里士多德、康德、黑格尔均有这样的对人性之认识。但他们认识的深度远不如中国，故在康德之前，休谟对人性之"知"的能力，对人能否建立道德而产生终极之价值观、行为观乃至宗教哲学，保有高度的警惕与怀疑。在某个意义上讲，休谟也许受到启蒙时代所传之中国儒家哲学的影响，认为人是基于感情、感觉的生物，所以虽然在知识上无法建立真实性，但基于本能的感情与感觉，我们可以产生对人之关怀，我们的感觉往往能够透过一种"同情"的机制来感受他人。当然，主观感情投射的基础何在，休谟并没有对此加以说明。但他认为人存在一种对正义的感知、知觉（sense of justice），我们的正义感使我们基于自己能感受到他人，而观察他人复能反思自己，在"观察他人"与"感受自己"、"观察自己"与"感受他人"间产生呼应，在真实世界的归纳与演绎中建立人之价值的一般性、普遍性，从而获得真实的根本。故必须假设人性拥有这样的能力，即观、感、知、整合、思维，亦即谓人能做此种兼内外经验为一的综合判断。有意思的是，在道德哲学处，休谟反而是真实论的；在科学哲学、自然哲学处，他又是怀疑论的。而观西方哲学，直到康德才能对此有所补充，以回答休谟的怀疑论。我很早就接触并研究康德，早在华盛顿大学攻读硕士时就接触到康德的《判断力批判》（第三批判），在哈佛大学时接触到其《纯粹理性批判》（第一批判）、《实践理性批判》（第二批判）。从"第三批判"开始着手有一个好处，因为康德在其中说明了人有先行决定的判断能力，即直观的判断能力。此判断能力并非缘于某种现实的需要或某种先存的概念，而是直觉观察所呈现出来的情感上之喜悦或目的性认知，它具有内在普遍性；当然，前提是假设"人同此心，心同此理"。但康德对人性的认识，一方面比较形式化、结构化，另一方面比较缺少一种活动的内涵。康德之人性的哲学和中国的心性哲学有相当大的差异，据此形成的道德哲学也有相当大的差异。但正如我一再强调的，我几乎可以证明：康德受到了儒家的影响，主张人之理性的自主性，以此作为道德哲学的基础，从而避开了宗教之"他律"的要求。西方伦理学往往离不开上帝的指令，但可以说康德在西方近代哲学中最早提出人具有自主理性。此自主理性表现在人的自由意志可为自己的行为立法，把道德看作一种内在普遍的道德律，据此道德律以决定行为之充分理由、必要理由。我对康德哲学之述备矣，于此便不再细说。

2006 年，我在《中国哲学季刊》出版了一期专刊，即谓《康德哲学与儒家的关系》，我有一篇论文说明此观点不仅是理论的，而且是历史的。2009 年，香港浸会大学举办了"康德在亚洲学术研讨会"，我在会上作为主讲，特别强调了康德道德哲学和儒家哲学的相同与相异，尤其强调其相异部分，以说明康德没有充分认识到"仁爱"之普遍的价值性、基础性、必要性，他只要求人"自爱"，而没有强调人必然去关切他人，这与儒家有相当的不同。这也表明，他的人性论基本上是理性主义的，是以自我为中心的，与儒家把理性看成人性的一部分，将人的情性、感性、悟性、知性结合为一体的人性论不一样。基于复杂的人性对人之普遍关怀能力的需要，儒家强调"仁义"的重要性，康德亦与此不同。当时我即指出，这一基本差异反映在康德哲学中"完全责任"和"不完全责任"的分别上。以上既是我对康德的批评，同时亦是希望儒家能补充康德，甚至建立新的伦理学，兹遂变成我本体哲学中的一个重要部分。这也说明，我在面对西方哲学时，引申出了我对中国哲学之本体性的新肯定。我们可以发现西方哲学的问题性和缺陷性，但中国哲学中潜存着一种能发之作用，不但在中西沟通上能本体地补足西方（相应地，西方的方法意识、语言意识亦更好地补足了中国），且在此补充发展中也形成了我对世界哲学、整体哲学的认识。我的哲学在自然、宇宙、本体、形而上方面走向了一种动态的而又生态的真实（dynamic and vital reality），在道德哲学方面则走向了强调人性的真实、发展之可能和整体的道德哲学。整体的本体宇宙哲学、整体的道德伦理哲学能更好地展开我对西方哲学的认识。

此外，我于 1959 年到 1963 年在哈佛大学攻读博士学位期间，从事西方哲学研究，对逻辑、知识论、本体学都有一些基本的表达，斯亦成为我的思想基础。我有一个本质上属于中国经验的传统，即对真实和生命的体验，故我对真实性所包含的价值性之坚持是有根源的。在对西方哲学所做的观察下，我亦重新审察中国哲学，正如我在具中国哲学之前理解的背景下审察西方哲学的发展潜力及其面对之困境。同样，在西方哲学之方法意识、问题意识的要求下微观中国哲学，可以发现其表达之不完备性、意念之模糊性、用法之含蓄性、建构之被动接受性，从一开始就是现象学的、建构论的。比如其特别要找寻一个理论的建构，异乎柏拉图、亚里士多德、康德、黑格尔；其对生命的体验产生了一些不断强化、延伸的终极之知识概念，其逻辑是一种扩充的逻辑，而不是一种"正反合"的超越逻辑。关于这方面的逻辑思维，我曾将其表达为"和谐辩证法"，其表达的逻辑思维不是否定并超越、创新，而是在否定中看到新的、差异的真实，再看如何将此新的真实和原有的真实融合起来，形成一个更新的事件。故，兹是五段式的，而非三段式的。三段式的"正反合"变成五段式，则是 a→－a→b→a＋b→c。黑格尔的辩证逻辑与五段式不同，省掉了 b 与 a＋b，而谓系 a→－a→c。我曾著文专门讨论过此五段式之问题。

总而言之，对西方哲学的认识使我更好地认识了中国哲学，对中国哲学的认识亦使我更好地认识了西方哲学。据西方哲学而观察中国哲学，可知中国哲学的优点在于其本体学，缺点在于其方法学；据中国哲学而观察西方哲学，可知西方哲学的优点在于其方法学，缺点在于其本体学。本体学能否在其二元结构基础上更好地考虑到一种整体的结构，尚未得到一个最根本的回答。我想，以后中西哲学应相互激荡、彼此互补，在不消除对方之前提下形成对西哲之本体、中哲之方法的革新。唯其如此，才能平等地认识彼此，通过对彼此的欣赏产生彼此间的共感、共识，使概念、行为、观念、价值的矛盾之问题得到解决。

四、建构理论体系

基于我对中国哲学之追求本体性所包含的根源性、发展性、体系性（即本体创生过程）之认识，我提出了本体诠释学。本体诠释学建立在本体学之基础上。夫本体学，即把"存有"的概念扩大为"本体"的概念，此即我所谓吾人之本体学不能用存有论（ontology）来替代，而应包含存有论；西方应认识到"存有"变成"本体"的可能性——怀特海已有此种认知。在此基础上，我才逐渐发展出一套更完整的中国哲学体系。对于这一体系，我简述如下：

1. 本体学。直接面对"本""体"之整体结构。完全从经验的反思、经验的观察、经验的自我认知及经验的不断整合，形成一有丰富经验之内涵，其至少应包含本、体、知、用、行五种活动。吾人可以把"性情"当作人的本体，把"心智"当作知之活动所致，然后再以"用行"来表达本体的实践。

2. 本体诠释学。夫诠释学，即在反思当中找寻意义，在整体中找寻部分的意义，在部分中整合整体的意义。它运用概念、理念，并讲究逻辑之一贯，以归纳、演绎、组合、建造。斯是一种理解、表达，故当然重视语言之结构、寻求语言之意义。其目标是：使我能自我认知，使他人亦能认知——兹体现了一种沟通性、共通性之需要。在此意义上，诠释学即知识学，是知识的一种展开。而我将其整合称为本体诠释学。简单地说，本体诠释学包含自然主义外在化之科学知识论——这是诠释之基层。因为宇宙开放、发展、具多层次，故可据之而有生命哲学的语言，以表达一种生命的体验——生之为生、生生之为生生的体验。对于此"生生"精神，我们有心灵、心理、心性之经验，以保证欲望、欲念和意志都在人的整体里面实现，这是一个心性结构，也在诠释学之范围里面。若谓之前所言关乎如何组成宇宙，此处则关乎如何组成自我。再一个层次：这些心灵、心性、心理活动怎样创造出一个价值活动，产生对真实、道德价值、审美、和谐、正义的认识？这样就变成了一种价值哲学。此价值哲学在我们的行为层面上又变成了一套伦理学——斯是一种规范性之基础，即其能化成一套标准，以规范行为，并导向一种道德哲学。这就是我所说的整体伦理哲学。

3. 整体伦理哲学。我在其建构当中，以德性主义为主，从德性伦理延伸至责任伦理和权利伦理，在此二者之基础上，说明功利主义的可能性与发展性之基础。权利和责任必须要以德性作为基础，功利必须要以权利和责任为基础。任何一个行为必然要求是有德的，必须要满足责任的需要，必须要维护个人的权利，在满足了权利和责任之后，才能谈功利——这样功利才不会影响到人的基本价值。现在的功利主义，最大的问题就是漠视了责任主义，漠视了权利意识，更漠视了根源性的德性意识。这就是我对伦理学的重建，其涵盖中西，具有普遍性的世界意识。

4. 管理哲学。现代化、工业化社会的生活具有组织性、集体性，虽然这并不否定个人存在权利之重要，但是人的基本权利还是要整合成群体，人终究离不开社会，社会也离不开个别之利益的、非利益的群体性组织。利益的群体必须有非利益的道德作为基础。在这种情况下，我们需要一套管理哲学。我对管理哲学的定义是：管理是群体的、外在的伦理，正像伦理是个人的、内在的管理。在此基础上，我科学化了中国的管理，也赋予伦理一种管理之框架。伦理是一种管理，管理亦是一种伦理，重点均在建立秩序、维护秩序。在这种意义上，我们才能谈政治的架构、法律的架构。管理其实涵盖着一种道德和法律的意识。我在写《"德""法"互补》这篇长文时，强调了康德哲学、孟子哲学、荀子哲学的相互关系。最近我在北京大学做了题为"中国政治哲学探源"的学术系列讲座，共十一讲。讲座中，我特别强调了一个自己长期坚持的观点，即孔子所曰"道之以政，齐之以刑"与"道之以德，齐之以礼"是一种立体结构，此二者非但不是彼此排除的，而且是相互整合的。也就是说，我们对他人和社会应有"德"与"礼"之结构，但维护"德"与"礼"则需要"政"与"刑"之结构，唯其如此，乃能达致一个更好的组织。我在即将出版的书里对此亦有新的发挥。

5. 本体美学。在对本体学的认识基础上，我发展出了一套本体美学。在人的观感之下，本体性、本体宇宙、本体生命在感觉上本身就具备一种快乐，能给人带来一种欣喜；当它出现问题，它就变成一种痛苦；当它被扭曲，它就变成一种伤害。所以，本体美学就是说我们要维护我们在本体体验中的整体性、自然性，让它能呈现出一种自然的快乐。一切美好的东西都可能具有这样的特性，一个真实的美便反映出一种本体的存在，而本体的存在又同样反映出真实的美。这样的美也导向一种善的行为、真的认识。所以，美是"在"和"真"的起点，另外也可以说，知道本体的美需要善之人性的基础、真之宇宙的基础。这也可以说是一种本体诠释之循环。美具有启发性。美代表一种理想、一种最根本的认识。

以上就是我的哲学之基本内涵。

需要说明的是，本文集的结构及主要内容如下：

第一、二卷题名为《本体诠释学》（一）、（二），主要从"何为本体诠释学""本体诠释学与东西方哲学"两方面收录了我的相关学术论文22篇，又从"《易经》与本体诠释学""本体诠释学与中西会通"两方面收录学术论文19篇。作为十卷本的首卷，还收录了我的"人生哲思"4篇，以帮助读者更好地理解我的思想发展历程。

第三卷收录了我的一部重要著作《儒家哲学的本体重建》，汇集包括代序在内的与儒学相关的文章19篇。

第四卷着重阐述我的儒学思想，由"古典儒家研究""新儒学与新新儒学""儒家精神论""儒家的现代转化"四部分组成，共收录论文32篇。

第五卷题名为《儒家与新儒家哲学的新向度》，收录了我写于不同时期的21篇论文，涉及中国哲学的向度、儒家的向度、新儒家的维度。

第六卷首先收录了我分论和比较中西哲学的专著：《世纪之交的抉择——论中西哲学的会通与融合》，还收录了另外6篇重要文章，内容涉及我在中西哲学的会通与融合方面的思考。

第七卷题名为《中国哲学与世界哲学》，既是对有关内容的补充与深化，亦表达了我的思想中中国化的根源、特质与世界化的指向、眼光。主要内容涉及中国哲学的特性、西方哲学的特性、中西哲学比较、中国哲学与世界哲学，共24篇文章。

第八卷内容是我的管理哲学思想的重要呈现，主要收录了我的专著《C理论：中国管理哲学》。除此之外，本卷附录部分还收录了关于C管理理论的2篇重要论文。C理论的创立与发展，对中国管理学的发展乃至世界宏观管理学都具有重要的借鉴意义。

第九卷主题为"伦理与美学"，主要收录我在伦理学与美学方面的重要文章，涉及中国伦理精神、伦理现代化、本体美学，以求将我的伦理学与道德哲学以及"本体美学"思想展示给读者。

第十卷题名为《皮尔士和刘易斯的归纳理论》，是我在哈佛大学博士论文的基础上撰写而成的，主要探讨归纳法能否得到逻辑证明的问题。

当然，即便这次的十卷本也未能涵盖我的所有著述，比如2010年我的《本体学与本体诠释学》30万字之手稿、部分英文著述，乃至正在写作的著述。这些尚未得到整合的思想，有待在第三阶段被纳入整个体系中。

最后，这次十卷本出版，有太多人需要感谢，首先要衷心感谢中国人民大学原副校长冯俊博士对我出版此十卷本文集的支持。其次要特别感谢淮阴师范学院奚刘琴博士为我收集及整合大量的论文，并进行编纂。可以说，没有她的时间投入，这个工程不可能顺利完成。最后，我要十分感谢中国人民大学出版社杨宗元编审的精心安排与鼓励以及相关责任编辑的认真努力，他们在不同阶段提供了不同的订正帮助。

中译本自序

　　1959 年我在华盛顿大学哲学系获得硕士学位之后，申请到哈佛大学读博士，并获得了最佳奖学金（George Santayana）。在哈佛大学修完前两年课程并通过考试后，我开始撰写博士论文。当时，我将研究重点放在当代知识论、科学哲学和分析哲学的发展及基础问题上。我的论文指导导师有四位，他们都是知名学者：一位是讲授当代演绎逻辑的奎因（W. V. Quine）教授，一位是讲授当代归纳逻辑的威廉姆斯（Donald Williams）教授，一位是讲授当代知识论的福斯（Roderick Firth）教授，一位是讲授科学哲学的谢菲（Israel Scheffer）教授。这四位教授不分轩轾，都真心诚意地对我的论文进行了指导。四位教授也是我核心课程的授课老师，非常关注我哲学思想的发展。我选的题目虽然更接近科学哲学和知识论，但其实里面涉及了概念分析、逻辑关系等研究，这些都与奎因教授的逻辑分析方法学息息相关。

　　我选择这个题目是为了说明，自休谟以来归纳法能否得到逻辑的证明，而不只是归纳的证明，因为归纳的证明无法说明归纳的有效性。事实上，给归纳一个逻辑的证明，是把归纳建筑在理性先验的基础上，建筑在一个数理模型上。我首先就皮尔士（Charles Peirce）——实用主义的创始人——的归纳理论做了一个理论分析研究，这属于逻辑推理的重要部分。在他看来，归纳法是运用假设法和演绎法的一环，归纳法建立在演绎和假设的基础上，正如假设法建立在演绎和归纳的基础上，演绎法建立在归纳和假设的基础上。

　　刘易斯（C. I. Lewis）面对经验知识和知觉知识之有效性的证明问题，不能诉之一个归纳逻辑的基础。即使我们承认，他有假设的背景、有知识论的基础，但是怎么表达呢？我的论文有一个重要发展，就是建立了一个统计数理模型来说明归纳的有效性。迄今，我认为此研究仍是说明归纳法之有效性的最根本理论。我看不出还有什么其他理论比这一理论更坚定、更有效。我博士论文的不同篇章分别在不同的学术期刊上发表过，得到了众多回应。这是与康德以来的先验思考相一致的，并且还导向了数理模型的建立，而且得到了现在社会科学、物理科学等方面的广泛应用。

本书英文版去年在荷兰 Martinus Nijihoff 重新出版。这表明本书仍有当代价值，现在把它翻译成中文，绝对是有重大意义的。衷心感谢杨武金教授的忠实翻译。他翻译的文字非常清晰可读。本书为十卷本《成中英文集》的第十卷。

成中英

2016 年 9 月 1 日

目　录

前　言

　　本书是在我 1963 年于哈佛大学写的博士论文基础上完成的。我对皮尔士的兴趣是受威廉姆斯教授的鼓励，而对刘易斯的兴趣则是因福斯教授而起。我受两位教授的益处颇多，除了关于皮尔士和刘易斯的研究外，还包括通向知识问题和实在问题的方法。我特别要感谢威廉姆斯教授，他对本书最初的书稿进行了耐心而细致的批评。我也要感谢福斯教授和谢菲教授，因为他们对我关于归纳的讨论给予了许多建议性的评语。然而，本研究中关于皮尔士和刘易斯的任何失误都完全归之于我。

成中英

1967 年 3 月于夏威夷火奴鲁鲁

摘　要

　　鉴于为归纳辩护的困难，本书认为，归纳既是一种推论又是一种需要重构的方法。　　XI
进而认为，对皮尔士和刘易斯关于归纳本质思想的研究将得出一种一般归纳理论。（第
一章）

　　本书关于皮尔士理论的讨论将覆盖他从 1867 年到 1905 年的作品，而且对他以概率
式和非概率式这两种不同模式所做的关于归纳的辩护作一些澄清。（第二章）首先要澄
清的是皮尔士关于有效推论的一般概念以及他对所谓统计演绎的阐述。（第三章）其次
考察他关于统计三段论形式的归纳的阐述。皮尔士关于这种形式的归纳的有效性的最初
论证被证明是不能令人满意的。然而，也可以证明，归纳可以被解释为一种从样本到总
体的概然推论，其有效性可以通过大数逻辑法则获得，笔者在经典概率演算的框架下作
了形式证明。（第四章）

　　笔者进而揭示，皮尔士在其阐述中关于公平抽样的要求将导致困难。为了避免这些
困难，笔者提出了一个新的公平抽样原则。关于皮尔士预设的要求，笔者表明，这对归
纳的有效性来说既不是必要条件也不是充分条件。然而，它关系到建立一个可信赖的归
纳结论。（第五章）至于皮尔士关于概率的多种解释，可以证明，它们将导致不一致，
这是皮尔士本人没有认识到的。（第六章）

　　有关皮尔士关于归纳的非概率式辩护，笔者阐述和考察了四个论证。第一个论证是
关于归纳的自修正性的论证，对归纳有效性的推导理由来说，它被证明是没有用的。关　　XII
于归纳有效性的第二个和第三个论证分别基于设想一个机会世界的先验不可能性和我们
世界不存在齐一性的经验不可证明性，我们发现它们或者是不可能的或者是不确定的。
第四个论证——归纳法可以根据有穷抽样来确定真——已被证明是不精确的。（第七章）
关于归纳有效性与实在概念之间的关系，笔者提出了更多的批评。（第八章）

　　本书处理刘易斯归纳理论的部分将集中于其主要著作《心灵与世界秩序》（*Mind
and the World-Order*）和《对知识和评价的分析》（*An Analysis of Knowledge and Valua-
tion*）。对刘易斯的归纳理论也是基于概率式论证和非概率式论证之间的一般差异来考察

的。（第九章）

如何根据刘易斯的先验概念和原则来澄清刘易斯对归纳有效性的非概率式论证，这不仅关系到确定我们关于实在的知识，而且关系到确定我们所理解的实在。这将导致对休谟式怀疑论者——认为不存在物质事实的必然联系——的反驳。（第十章）事实上，刘易斯基于归谬法论证的"先验分析原则"能够确保归纳的有效性。但要指出的是，这个论证仅仅在其实在论及相关知识论的框架下成立。（第十一章）笔者针对刘易斯关于归纳有效性的实际论证也做出了批评。（第十二章、第十三章）

刘易斯关于归纳的概率式辩护是基于将概率概念作为有效的频率估算来提出的。可以证明，归纳的有效性最终就在于归纳结论和归纳结论之前提数据之间的可信性关系。还可以证明，这应该与皮尔士关于作为具有逻辑推导原则的概然推论的归纳的有效性的论证相一致。（第十四章）与皮尔士不同的是，刘易斯提出了确定归纳推论可信性的标准。笔者试图阐述这些标准，并表明它们不亚于确定公平样本的标准。（第十五章）

在结论中，笔者比较了皮尔士的归纳理论和刘易斯的归纳理论，并指出了它们的共同性。对他们澄清归纳有效性的贡献做出了评价。根据建议，在阐述归纳辩护问题时，除了区分皮尔士和刘易斯所刻画的概率式辩护与非概率式辩护，还对一般辩护与具体辩护进行了必要的区分。这些区分进而应该构成关于发展一般归纳理论的一个适宜框架。（第十六章）

第一章　导　言

1. 归纳辩护问题及其消解方案

归纳辩护问题，就像大卫·休谟（David Hume）所阐述的，是找出基于我们在经验中发现的具体事例而做出一般性断定的逻辑理由①的问题。休谟关于这个问题的著名结论是，做出这样的经验概括没有任何逻辑理由，因为不存在物质事实的必然联系。在这个意义上，如古德曼（Goodman）所指出的②，归纳辩护问题无解。但古德曼又说，尽管归纳辩护问题不能得到解决，但它可以被消解。归纳辩护问题的消解并不是要证明为什么一个经验概括必定为真，也不是要证明为什么一个归纳推论必定有效，而是要展示一个经验概括为真的陈述和一个归纳推论有效的陈述的含义。

古德曼在演绎辩护和归纳辩护之间作了一个类比。为演绎辩护，我们需要证明它与演绎推论的有效规则一致。就是说，如果我们寻求的是确信一个演绎结论的理由，那么我们就需要指出演绎结论是按照有效的演绎规则从其前提推导出来的。与演绎规则一致为我们确信演绎结论提供了一个理由，因而这是对它的辩护。但另外，为演绎规则自身辩护的要求使得古德曼断言，该辩护与"已有的演绎实践"规则一致，即"我们实际上做出了和认可了该具体推论"。因此，他得出结论，演绎规则和具体演绎推论是在它们相互认可时得到辩护的，而且规则必须根据可接受的具体推论情况来补充，而推论必定

①　与基于经验而成为理由的经验性理由相比较，逻辑理由是基于逻辑而成为理由的理由。我们基于具体观察事例而做出的经验概括中的断言或信念的逻辑理由将能够使我们得出，从具体观察事例推导出经验概括是逻辑有效的或者是有逻辑保证的。众所周知，休谟把人类探究的对象划分为观念的联系和事实的联系：关于前者的每个真命题都是独立于经验而逻辑有效的，而且在这个意义上可以被证明是必然的，然而关于后者的每个真命题都不是逻辑有效的，没有任何经验和习惯之外的基础，因而在这个意义上其反面总是可能的，而且它取决于与过去的经验频率成正比的信念度。（Cf. Hume, *An Enquiry Concerning Human Understanding*, the Open Court Edition, 1955, pp. 24–41, 45–44, 61–63）

②　Nelson Goodman, *Fact, Fiction, and Forecast*, Cambridge, 1955, pp. 63–83.

因为其违反可接受的规则而被拒斥。

根据古德曼的观点，类似的结论可以在归纳辩护的情况下得出来。为一个归纳结论辩护，就像他所认为的那样，我们仅仅需要考察该归纳结论是否是从与有效的规则或原则一致的前提中推导出来的。既然有效的演绎推论必须预设有效的演绎规则或原则，那么有效的归纳推论也必须预设有效的归纳规则或原则。归纳辩护问题的关键在于阐述正确的或有效的规则以及基于我们的归纳实践而为它们辩护。

简述一下古德曼的观点。假设给定一个归纳规则，我们如何辩护它是正确的或有效的？古德曼的回答是，我们必须明白它实际上是否已被已有的归纳实践认可。如果它实际上阐述了在已有的归纳推论中起作用的规则，那么它就是有效的；相反，如果不是这样，那么它就是无效的，并因此而被拒斥。除此之外，没有别的归纳辩护问题。

现在，我没有看到针对古德曼以下论点的特别反对，即新的归纳辩护问题可以被设想为阐述归纳规则和基于我们日常实践来定义有效归纳推论与无效归纳推论的不同的问题。但是，我并没有看到我们必须在这儿停止的任何理由，因为不存在任何理由让这一观点阻止我们去寻求关于有效归纳之基础的其他阐述。

关于古德曼的这个具体论点，人们必定认识到，怀疑一个归纳规则是否真的有效总是合情合理的，尽管其已被已有的归纳实践认可，犹如怀疑一个归纳推论是否真的有效并非更少合情合理一样，尽管其被解释为认可了一个归纳规则。总是存在一个归纳辩护问题，因为总是存在对归纳之有效性的给定解释提出质疑的可能性，这种质疑或者根据新的事例或新的归纳规则，或者诉诸归纳与我们关于概率和实在知识的解释这样一些哲学问题的关系。鉴于新的事例或新的归纳规则，我们总是可以问：为何我们所接受的归纳规则必定能为这一新的事例辩护，为何我们所接受的归纳事例必定能为这一新的规则辩护？考虑到诸如我们关于概率和实在知识的解释这样一些哲学问题，我们总是可以问：相对于对概率的给定解释或对实在知识的给定解释，归纳是否有效或者如何有效？这显示了为归纳辩护的困难，并给出了对归纳辩护问题进行一种新的考察总是可以试试的理由。

2. 近代关于归纳有效性的两种论证

我的目的是澄清为归纳辩护的困难，对这个目的来说，简单考察关于归纳有效性的两种主要类型的论证应该是足够的，在我通过对皮尔士的归纳理论和刘易斯的归纳理论进行批判性考察而提议重新考虑归纳辩护问题的相关性与必然性之前，现代很多哲学家似乎都已接受这两种论证是有效的。

总的来说，第一种论证是由语言学家或普通语言哲学家提供的。他们主张，个体的归纳是有效的，因为它们符合归纳的标准事例或者符合归纳的标准规则，而且归纳的标准事例或标准规则是有效的，仅仅因为它们是标准的。第二种论证是由所谓的实践家提供的。根据他们的看法，从具体的归纳推论中构想出的归纳原则有效和可信的理由是，它们得到了归纳性辩护。他们争辩：一个归纳推论或一个归纳规则只要事实上在过去有效，那么它就是有效的；并且，对一个归纳推论或一个归纳规则的归纳支持仍然是归纳可信赖性的一个良好理由。我将首先考虑语言哲学家的论证。

3. 典型事例论证和语词的使用

关于语言学家或普通语言哲学家立场的一个更具体的描述是这样的：为归纳辩护就是为我们所得出的每一个具体的归纳结论提供好的理由，如果其有效性受到挑战的话。这些理由应该与规则或标准一致。如果对一个归纳结论来说存在一个这样的好理由，那么它就是有效的，否则就是无效的。但是，在怀疑的情况下或者在挑战面前，质疑我们所求助的规则或标准的有效性是不合适的。因此，不存在证明归纳普遍有效性的方法，即不存在以下这种逻辑上有效的命题：它描述了所有具体归纳事例中的普遍归纳规则，以至于有助于它确保新的归纳事例（而非已经被接受为有效的归纳事例和这个普遍规则从中抽象出来的归纳事例）的有效性。

上述立场可以通过斯特劳森（Strawson）的观点来解释。[1] 斯特劳森认为，归纳辩护仅仅在于给出与归纳标准相一致的特定归纳的特定理由。"因为要探究所采纳的特定信念是否得到辩护，一般是适当的"，斯特劳森说，"而且，在问这个问题时，我们要问的是，关于它是否存在好的、坏的或别的证据。应用或不应用修饰词'得到辩护的''有充足根据的'等，在具体信念的情况下，我们将求助归纳标准并应用归纳标准。但是，当我们问归纳标准的应用是否得到辩护或者是否有充足根据时，我们所求助的标准是什么呢？如果我们不能回答，那么该问题就没有意义"[2]。他进一步认为，如果存在一般的归纳辩护，那么我们选择做出的每一个归纳推论就都将是有效的，但这显然不是事实，原因是：如果某个归纳规则被一个已被接受的、关于给定归纳结论的推论所属的那种具体类型的归纳实践认可，那么这个归纳规则就确保了给定归纳结论的有效性，然而一个仅仅在形式上与已被接受的归纳规则相似的抽象归纳规则并不能必然确保任何以之为基础的给定归纳结论的有效性。

上述观点的一个变形是最近由巴克（S. F. Barker）提出来的。根据巴克的说法，"我们当然不知道，实践归纳的人比起实践某种形式的反归纳的人在得出真结论时将会更成功；但是，我们当然也不知道的是，那些实践归纳的人将有可能更成功——相

---

[1] Cf. P. F. Strawson, *Introduction to Logical Theory*, London, 1952, pp. 248−252, 256−263.

[2] Ibid., p. 257.

信他们将会更成功是合理的"①。这是通过消解归纳辩护问题来进行的一个归纳辩护，因为"正如不可设想肯定前件式是不可依靠的"，巴克认为，"所以不可设想归纳推论在长期的经验探究过程中应该概然地不是最成功的推论"②。然而，这仅仅是由于如下事实：归纳实践的一个承诺被建立在"概然的"一词的通常含义上。所以，他说："建立在'合理的'这个词的通常含义上，一个理性的人必然进行归纳式的而非反归纳式的推理。"③ 所以，通过消解归纳辩护问题来为归纳辩护就是承认以下这一点：通过使用"概然的""归纳实践""合理的"这些语词，一般归纳实践的结论是概然的和合理的。

对这样处理归纳辩护问题的一个有力反驳是指出：它将归纳辩护仅仅限定为已知或已接受的归纳标准事例，或者已知或已接受的、运用归纳词汇（"概然的""归纳实践""合理的"）的标准事例，不揭示涉及非标准的或者还不被认为是标准的归纳结论的辩护问题。它也预设了我们知道对我们来说什么构成了一个标准，什么没有构成一个标准。但是，事实上，不研究辩护的标准或基准，就不能真正解决或消解辩护问题。我们必须首先探究什么构成了一个标准事例或一个标准的实践规则或词语的运用，什么使得它们对我们来说是可接受的或可信赖的。例如，我们想知道，什么使得我们做出以下归纳结论：所有欧洲的和美洲的天鹅都是白的；太阳明天将从东方升起。如果前提都是好的和标准的，那么结论就是好的和标准的。我们想知道，在陈述"所有欧洲的和美洲的天鹅都是白的是概然的"和"相信太阳明天将从东方升起是合理的"中，我们可以对词语"概然的"和"合理的"之意义与使用做出什么样的说明。我们想知道，如果前提为真的话，这种归纳结论为什么对我们来说就是可接受的或可信赖的。我们进而想知道，标准的归纳结论的真原则和真前提是什么。

我们也可以提出归纳的标准或规则是否可以被挑战或者被评价的问题。数学法则和逻辑原则兼起演绎推论的标准与规则的作用。作为标准与规则，它们的确或者被接受，或者被拒斥。我们不可能以我们能够宣判本属于它们的事情的方式来宣判或评价它们，因为这违反了规则或者不符合标准；但这是因为它们可以被严格地阐述和证明为逻辑真命题。现在，在一个推论事例成为一个标准或规则（因为它被我们用来作为判断特定推论有效或无效的标准）的情况下，我们就不应该忽视一个假定的标准是否真的是一个标准这个问题的意义。就像我们前面说过的，而且就像厄姆森（Urmson）指出的那样④，

① S. F. Barker, "Discussion: Is There a Problem of Induction?", in The Symposium on Inductive Evidence by W. C. Salmon, S. F. Barker and H. E. Kybury, in *American Philosophical Quarterly*, Volume 2, Number 4, October 1965, p. 265.

② Ibid., p. 272.

③ Ibid., p. 273.

④ Cf. J. O. Urmson, "Some Questions Concerning Validity", in *Essays in Conceptual Analysis*, selected and edited by Antony Flew, London, 1956, pp. 120-133.

用哲学探究和真正怀疑的精神追问以下两个问题总是合法的、有意义的：我们是否应该接受那些我们所接受的标准？什么使得我们将一个归纳事例当作标准的归纳事例成为正当的？这种类型的问题可以在我们的语言中得以清晰地形成，原因如下：首先，我们的语言尽管包含日常意义，但显然不能说包含了所有存在的真理，因为已证明存在着比我们的所有语言表达所能够表达的真理多得多的真理①；其次，我们的语言是灵活的和开放的，足以被用来表达哲学史上的各种思想和明显矛盾的观念。②

正像我们可以理智地追问，任何社会实践或社会规范是否自身就是对的或错的，并且可以将它与某个理想的规范或别的规范作比较，我们也可以追问，归纳的标准和规则是可信赖的还是不可信赖的，并且可以将它们与我们意愿或选择将之称呼为可信赖的推论及其规则的范例作比较。③ 确实，这不仅是"比较给定的实践和别的已被接受的实践的问题，而且要尽力证明它并没有愚弄它们"④。一个标准（实践）或另一个标准的选择能够被实用主义的考虑所支配，而且这些再被归纳指导，被发现正好适合我们的能力。但是，这并没有完全解决我们的问题。在一个经验探究过程中，问题可以被重复提出和研究。需要肯定的是，在做出归纳推论时，我们依赖规则，就像我们下棋依赖下棋规则一样。但这并不必然意味着：使用一个而不是另一个归纳规则或标准纯粹是约定性的。也许十分真实的是，我们通过一个立法行为或一个决定来接受一个标准或规则。但即使这是真的，我们仍然可以怀疑该立法行为或决定的合理的和实用主义的理由。

如果像在一开放的经验探究过程中所看到的，存在着拒斥或修改一个标准的好的理由，那么显然拒斥或修改这个标准就是合理的。正是开放性探究的可能性给予了该问题意义，以便接受一个命题而不是另一个命题作为标准的基础。的确，在开放性探究过程中总是存在着可达成的结论。这意味着，评价应该不仅仅是一种建立规则或标准的企图，而且接受一个规则作为标准不仅仅是一个立法行为。的确，我们可以坚持，在经验探究过程中，归纳标准或规则和个体的归纳结论都要按照经验发现或者依据新的理论思考来接受继续的修正与重构。这些标准或规则将不会被我们当下的实践绝对固定，而是必须依靠我们将会并能够在经验探究过程中获得的发现来检验。

---

① 在任一给定的自然语言中，能够形成的语言表达的集合不会多于可枚举无穷集。但是，根据逻辑学中的康托尔定理，我们可以认为存在不可枚举的无穷真理，比如说世界上的数。

② 萨蒙（Salmon）已经证明了这一点，他说表达我们日常意义的语言也是休谟写作中的语言等。（Cf. Salmon, "Rejoinder to Barker and Kyburg", in The Symposium on Inductive Evidence by W. C. Salmon, S. F. Barker and H. E. Kyburg, op. cit., p.278）

③ 萨蒙也已提出这一点。他说："我们可以问，我们社会所赞同的道德实践是否就是值得赞同的，而且我们也可以问，我们社会所赞同的归纳实践是否就是值得赞同的。"（Ibid.）"认知评价所提出来的基本问题与道德评价所提出的问题是一样的。我们赞同的事情实际上真的值得赞同吗？我们认为正确的归纳法真的正确吗？"（Ibid., p.279）

④ Barker, op. cit., p.273.

4. 实践论证

8　　现在来看看实践哲学家为归纳的或实践的归纳辩护所做的论证。他们主张，通过判断归纳是否与归纳规则或标准相一致，可以对归纳作归纳性辩护而不是演绎性辩护。他们认为，我们接受一个归纳结论的理由是，同类中的一个归纳结论在过去已经被证明是成功的。① 考虑凡人都会死这个例子。根据实践家的观点，肯定这一点的基础是，所有过去已经死了的人都证明凡人都会死。实践家极力主张，所有过去已经死了的人都已证明凡人都会死，这是我们相信所讨论的归纳结论的一个好的理由。所以，布雷思韦特（Braithwaite）说，一个归纳策略可望在将来是有效的，如果它具有在过去有效的特征。② 在这个意义上，归纳原则——无论什么时候发现一类中的已知元素具有某个特征，该类中的所有元素都具有这个特征就是可能的——就是有效的，如果它在过去的大多数场合都已被证明是真的和成功的。

　　实践家进而指出，到目前为止，因为我们没有提出以下这个异议，即我们必须接受这个抽象的一般归纳原则没有逻辑上的理由，所以我们满足于这个事实——我们正好得出与原则相一致的归纳结论——是没有问题的。因此，如果我们事实上接受了这个归纳原则，并且如果我们真的得出了与这个原则相一致的归纳结论，那么我们的归纳结论就将被设想为因与这个归纳原则相一致而有效。但是，一旦人们对没有逻辑上的理由而接受这个原则为有效的提出异议，这个原则就必定由其自身在以下这样的意义上做出辩护，即其在过去具体情况中的大多数应用中都是成功的。布雷思韦特提出的这种归纳辩护方式，与已经被接受并由布莱克（Black）所重新展现的方式稍微有些不同。③

9　　显然，根据归纳在过去大多数情况下的证实来确定归纳原则有效，这回避了问题的实质，因为这预设了归纳原则本身。布雷思韦特和布莱克为他们观点辩护的方式是，在认识归纳原则的事实有效性和为该原则辩护之间作一个区分。我们将认识该原则的事实有效性，如果我们认识到它总是一个有效的推论规则。但是，要为归纳原则辩护，我们就必须以一个命题的形式来阐述这个原则，并根据归纳规则在一个归纳论证中推导出这个命题。因此，归纳原则在这个意义上——归纳原则在大多数情况下得出了真结论——是可以得到辩护的。但是，它仅仅基于我们首先已经接受这个原则为一个推论的操作规则。因此，这个辩护的困难是，归纳规则的有效性依然不可解释。

　　实践家甚至进一步断定，除了已经证明归纳原则在过去大多数情况下是成功的这个理由外，关于归纳的有效性不存在别的理由。事实上，像语言哲学家一样，实践家已经

---

① 或者像萨蒙所指出的那样：更频繁地保真。（Cf. Salmon, op. cit., pp. 279–280）

② See R. B. Braithwaite, *Scientific Explanation*, Cambridge, 1953, pp. 225–292.

③ Cf. Max Black, *Problems of Analysis*, Ithaca, part 3, 1954; *Language and Philosophy*, Ithaca, 1941.

指出，接受一个与归纳原则相一致的归纳结论是合理的，并且奉行一个可接受的归纳策略是我们通过运用"合理行动"这个词所希望表达的。① 所以，为归纳辩护又变成了认识具体归纳结论的具体归纳理由的事情。我们发现，实践家和语言哲学家的共同性正在于这一点。在这一点上，尽管实践家的论证，如语言哲学家的论证一样，能够准确地指出归纳辩护的困难，但我们可以公平地做出如下总结：对归纳作归纳性辩护并不会导致归纳辩护问题的任何新的解决或新的消解。

正像我们所强调的，我们是否真的打算仅仅通过"标准"规则来确定归纳推论的有效性，这是一个悬而未决的问题。进而要怀疑的是，一般的归纳原则和具体的归纳规则必定没有别的辩护，除了它们在过去大多数情况下是有效的。对我们来说，探究我们如何能够为归纳规则和一般形态的归纳原则（演绎规则和演绎原则一般都是得到辩护的）辩护总是有意义的。如果归纳原则和演绎原则之间存在任何形式的共同性，那么就不存在任何理由不做出逻辑探究，以便明白这个形式上的共同性之所在，以及这将如何影响到归纳原则的辩护问题。

10

5. 作为真正问题的归纳与皮尔士和刘易斯的研究

迄今我们对语言学家和实践家关于归纳有效性之论证的简短考察表明，关于将为归纳辩护作为一个伪问题，他们并没有给出结论性的理由。事实上，我们已经证明，这些论证在解释归纳有效性上是不适当的和没有结论的，而且这些论证的局限性显示，即使这些论证有效，它们也不必是影响归纳有效性的唯一因素。这个结论进而必定能为我们的以下意图辩护，即将归纳辩护问题处理为一个真问题并寻求对该问题的更好阐述，进而探究是否有可能存在一个关于归纳有效性的更好解释。

在现当代历史上，英美哲学家查尔斯·桑德斯·皮尔士（1839—1914）和 C. I. 刘易斯（1883—1964）这两位思想家在归纳辩护问题上所主张的观点与普通语言哲学家和实践家不同。对他们来说，归纳是一个真问题，而且值得作严肃的哲学思考。他们关于归纳有效性之本质的著述实际上发展了他们自己的归纳理论，并得出了以下结论：根据我们用来理解逻辑和实在的更基本的概念，归纳有效性是可以解释的。

本书试图全面考察皮尔士的归纳理论和刘易斯的归纳理论，以便为归纳辩护问题提供更多的线索。我先是将自己限定于讨论皮尔士和刘易斯阐述与解决归纳辩护问题的各种路径，进而澄清他们的解决在什么范围内是有效的，在什么范围内是无效的。我在最后的分析中将要得出的结论是，如果归纳辩护问题应该是为从归纳前提做出值得信赖的

---

① 这是冯·莱特（G. H. von Wright）和伯克斯（Arthur W. Burks）的观点，其他人似乎也在采用。（Cf. G. H. von Wright, *The Logical Problem of Induction*, New York, 1957, pp. 159-175；Arthur W. Burks, "Presupposition Theory of Induction", *Philosophy of Science*, Vol. 20, 1953, pp. 77-196）

归纳结论限定条件和阐述标准，那么那些条件和标准——我们用之来定义和解释归纳的有效性——就必须被细致考察，并且它们与逻辑和实在的相关性必须被澄清。

11　　本书的篇章结构如下：在第二章到第八章，我将集中阐述和考察皮尔士归纳理论的主要论题；在第九章到第十五章，我将涉及刘易斯的归纳理论，以澄清和批评刘易斯关于归纳有效性的论证；在第十六章，我将通过对皮尔士归纳理论和刘易斯归纳理论的一般性比较做出结论，并根据他们在通向一般归纳理论中的建设性努力来评价他们的贡献。

第二章　皮尔士归纳理论的范围

皮尔士的"归纳理论"，我指的是皮尔士阐述归纳推论或归纳推理之本质和有效性
的观念系统或观念集合。这个观念系统或观念集合涉及皮尔士从 1867 年到 1905 年的作
品。① 在这个阶段，皮尔士写了他长期哲学职业生涯（1857—1914）中关于科学逻辑和
概率逻辑的最重要的论文。② 这些论文，尽管只是皮尔士哲学著述中极小的一部分，但
却构成了一个自我解释的研究单元，这仅仅是因为它们处理了一个单一的主题：综合推
论的有效性。

1867 年，皮尔士写了《关于论证的自然分类》（On the Natural Classification of Argu-
ments）一文，提供了一个根本性的方法来处理推论及其在词项三段论中的有效性，并且
将推论三分法为演绎、归纳和假说。从 1877 年到 1878 年，皮尔士写了关于"科学逻辑
的说明"的系列论文。除了著名的文章《信念的固定》（The Fixation of Belief）和《如
何使我们的观念更清晰》（How to Make Our Ideas Clear）外，还有四篇重要但被讨论得
比较少的论文，它们从根本上来说都是关于科学逻辑和概率逻辑的。它们可按下列顺序
排列：《机遇的原则》（The Doctrines of Chances，1893 年修订版和 1910 年注释版）、《归
纳的概率》（The Probability of Induction，1893 年修订版）、《演绎、归纳和假说》（De-
duction，Induction，and Hypothesis，1893 年修订版）和《自然的秩序》（The Order of
Nature）。在这些论文中，皮尔士给出了他关于扩展推论或综合推论有效性的论述，并暗
示了基于概率的归纳辩护。他还根据经验频率对他的概率概念作了阐释。但他关于综合
推论有效性的观念经常显得不连贯、不一致，而且整体来说没有组织好。

直到 1883 年，皮尔士才写下了关于扩展推论或综合推论有效性的一般理论的比较系
统的论文，这就是他的《概然推论的理论》（A Theory of Probable Inference），在其中我
们会发现皮尔士关于什么是一个概然推论的陈述和他的如下论证：归纳推论是有效的，
因为它是概然推论。

---

① 参见附录一"皮尔士关于归纳与概率的系列论文"。
② 他的论文最早可追溯到 1857 年，而且他的哲学活动持续到 1914 年。

1883 年之后，皮尔士的哲学作品似乎与他早期所关注的关于科学逻辑和概率逻辑的问题基本无关。但是，我们在他的作品中到处都可以发现各种关于推论辩护问题的主题。在这些主题中，一个有意义的特征是，皮尔士在各种归纳之间一再做出的区分是在他早期作品中从未指出的。这个区分介于"粗略归纳"（或"呸呸"论证）、"定量归纳"和"定性归纳"之间。可以在下面三篇短文中发现这个区分：《归纳的三种类型》（There Kinds of Induction，1901）、《归纳的种类》（Kinds of Induction，1903）和《归纳的种类及有效性》（The Varieties and Validity of Induction，1905）。

皮尔士所说的粗略归纳是从通常所发现的一组事例出发做出一个全称概括结论的推论，即简单枚举归纳。定量归纳是从我们关于给定样本中具有某种特征的个别事物的统计比例的知识到一个关于（样本从中抽取的）总体的结论的推论。① 定性归纳是通过条件性假说断定真理并根据相关证据来确证它们的方法。皮尔士将这三种推论形式都看作归纳，是因为它们通常都不具有演绎的形式，而且它们通常做出的概括都不是通过前提而演绎地保真的。然而，它们之间存在着差别，因为它们有不同的概括基础，而且它们的概括有不同的内容。②

14　　鉴于皮尔士这三种归纳形式之间的差别，我们发现，皮尔士在他 1883 年及在这之前的论文中所称的归纳主要是定量归纳意义上的归纳：被用三段论的形式来加以阐述，而且被认为是一种概然推论，或者像我们看到的那样是包含概率概念的推论。在 1883 年之后，皮尔士集中注意力于作为一种探究方法的归纳的一般特征，而且主要是定性归纳意义上的归纳。他认为归纳对探究真理来说是一种"值得信赖的"方法，对通过抽样方式来探究具有科学主体内容的真理尤其如此。

考虑到皮尔士在不同阶段不同意义上关于归纳的思想，我们可以说，为了我们在下一章将要进行的讨论，可以将皮尔士的归纳理论分为两个方面：一方面，皮尔士将归纳处理为从样本到总体的一种独特推论，而且将其看作概然推论的一种有效形式；另一方面，皮尔士将归纳推论处理为追求科学真理的一种"值得信赖的"方法。

当皮尔士以三段论的形式将归纳处理为从样本到总体的一种独特推论时，他为了使归纳有效而进行证明：通过概率而得出结论的归纳总是与一个有效的、演绎的概然推论方式相同。在这个意义上，我们说皮尔士试图作一个关于归纳的概率式辩护。另外，当皮尔士将归纳处理为追求真理的一种"值得信赖的"方法时，他认为归纳是一种自修正过程，它并不依赖概率而得出结论，而是必须通过长期的经验探究过程而通向真理。在这个意义上，我们说皮尔士试图作一个关于归纳的非概率式辩护。皮尔士的归纳理论中

---

① 在后续讨论中，具有某个特征的个体事物在一个给定样本中的比例被称为具有该特征的样本的"构成"；具有某个特征的个体事物在一个总体中的比例被称为具有该特征的总体的"构成"。

② 粗略归纳根据大量同类观察事例进行概括，而且该概括采取了关于常识对象的全称陈述的形式。定量归纳根据现在给定或过去给定的样本进行概括，而且该概括采取了关于总体中的比例的统计陈述形式。最后，定性归纳在关于各种观察事例的类型之上进行概括，而且有助于科学规律的建立。

存在这两种归纳辩护模式，这是我们在关于皮尔士归纳理论的研究中将要建立的一个要点。但与这一点同样重要的是，我对皮尔士关于归纳的概率式辩护之分类和阐述的改进。这是因为，后者将指向为归纳辩护和以正确的方式将归纳推论与概率联系起来的真正困难。在皮尔士的讨论中，他并没有澄清归纳作为一种概然推论形式的有效性之所在，而且他甚至没有澄清一个概然推论应该如何得以实现。我们如果希望发现这些问题的答案，那么就必须对我们已提到的皮尔士的论文进行细致的分析和比较。当我们知道这些答案时，我们也将知道，皮尔士关于从样本到总体的归纳之有效性的论证将有助于对一般归纳的有效性作一个真正的解释。

我将皮尔士关于归纳的概率式辩护阐述为一个关于从公平样本到总体的概然推论之有效性的论证，这个论证声称给定样本的公平性是确定概率的标准，因而一般是确定归纳推论有效性的标准。要澄清这一论证，我们必须考察皮尔士给予"概然""公平"这些关键词的意义。作为一种概然推论形式的归纳的有效性，可以仅仅依赖是否能够肯定地说其结论是概然的，而且是在"概然的"意义上。因此，对皮尔士各种概率概念的研究，在澄清他关于归纳有效性的论证上起着重要作用。我将要证明的是，皮尔士从公平样本来论证概然推论的有效性，恰好将归纳辩护作为一个有效的概然推论的概率概念，而皮尔士关于概率的明确定义则与概率的这一意义是不相容的，因而并不能被用于将归纳辩护为公平样本的概然推论。

关于皮尔士为归纳的有效性所做的论证（这种论证将归纳作为一种根据公平样本而做出的概然推论），还需要指出一点：它有一个巨大的不足之处，即他用经验意义上的等概率来定义样本的公平性。从这个意义来理解公平样本，我们就不应该知道一个公平样本，或者如果我们知道它，我们也不应该进行归纳，而是进行演绎。当这个不足之处被克服后，我们将会看到，在皮尔士根据公平样本而做出的关于概然推论之有效性的论证中，归纳辩护问题只不过是阐述和建立确定各种各样的公平样本的标准或规则的问题。这是我澄清和解释皮尔士关于归纳的概率式辩护的一个重要结论。

我关于皮尔士归纳理论的研究主要基于上面提到的皮尔士的论文，但我还要利用包含在《查尔斯·桑德斯·皮尔士论文集》（*The Collected Papers of Charles Sanders Peirce*）（1~8卷）中的其他相关材料。关于皮尔士的参考文献，将与《论文集》中涉及的段落号的标准形式一致。

第三章 推论的本质及有效性*

1. 一般推论理论

　　皮尔士关于归纳的概率式辩护还有许多事要做，如他关于推论及其有效性的概念，因为他把归纳设想为从样本到总体的推论，而且声称归纳在任一有效推论都有效这一意义上是有效的。下面，从《关于论证的自然分类》这篇文章出发，对皮尔士关于推论及其有效性的概念作一个概要性描述：

　　　　任一推论都包含这样的判断，即如果作为前提的命题为真，那么与它们相关的命题，即作为结论的命题，就必然为真或者概然为真。具体到一种论证，这一判断所包含的原则可被称为论证的推导原则。①

　　　　一个论证是有效的，在于其推导原则是真的。②

　　　　为了一个论证能够确定其结论必然为真或者概然为真，前提和推导原则都必须为真。③

　　看来，确定一个推论及其有效性存在三个相关项：前提、结论和推导原则。这里需要解释的是一个推论的推导原则。一个推论的推导原则是一个我们作推论时就意识到的规则，是一个将该推论的前提与结论关联起来的规则。一个推导原则定义了其范围内的

一类推论或"一类论证"。符合这一推导原则的任一推论都属于推导原则所定义的推论类型。如果我们知道一个推论的推导原则为真，那么我们就知道该推论是有效的。如果

---

　　* 本章和下一章都已被简化成题为《皮尔士概率式归纳有效性理论》（Peirce's Probabilistic Theory of Inductive Validity）的论文，发表在《查尔斯·桑德斯·皮尔士学会议事录》（*The Transactions of the Charles S. Peirce Society*, Vol. Ⅱ, No. 2, Fall 1966, pp. 86−105）上。

　　① *The Collected Papers of Charles Sanders Peirce*, 2, p. 462.

　　② Ibid., p. 463.

　　③ Ibid., p. 464.

我们相信一个推论的推导原则和前提为真，那么我们就相信该推论的结论必然为真或者概然为真。在能够从一个或多个信念中固定一个真的信念这个意义上，推导原则本质上像皮尔士所说的信念习惯或"理智习惯"，我们一般将之作为从真推导真来接受。

　　根据皮尔士的意思，"理智习惯"必定区别于"生理习惯"。当我们以某种生理反应的方式对身体刺激做出反应时，我们做出的就是"生理习惯"。另外，"理智习惯"是我们将信念与信念联系起来时所遵循的东西。正是就"理智习惯"而言，推论的推导原则和推论过程可以被更清楚地勾画如下：

　　　　最高级类型的理智习惯——决定我们想象中所能做的和我们行动中所能做的——被称为信念。我们有这样一种特有的习惯来表达我们自己，这被称为判断。一个信念习惯开始是模糊的、具体的和粗劣的，然后变得更简明、一般、完满和没有限度。这一发展过程只要发生在想象中，就被称为思想。一个判断形成了，而且在信念习惯的影响下它将产生一个新的判断来表明另外的信念。这样一个过程被称为推论，前面的判断被称为前提，后面的判断被称为结论，决定从一个命题到另一个命题的过程的思想习惯被称为推导原则。①

　　根据这段话，一个推导原则既是一个信念也是一个习惯，通过这个原则，一个信念与另一个信念相关联或者产生另一个信念。进而，一个信念与另一个信念相关联的过程被称为推论。在信念和习惯这一开放的意义上，我们可以有意义地说到一个真的推导原则或一个假的推导原则，就像我们可以有意义地说到一个真的信念或一个假的信念一样。但是，什么是真的推导原则或假的推导原则？如何确定它为真或者为假？皮尔士对这些问题的回答，必定是用从推导原则到有效推论的思想来建构的。

　　如前所述，皮尔士已经指出，一个有效推论是其推导原则为真的推论。他还说：

　　　　一个推导习惯可以被阐述为一个命题，它被表述为：在给定的一般方式下与任一真命题 P 相关联的每个命题 C 都是真的。这样一个命题被称为该类推论之有效性所隐含的推导原则。②

19

　　所以，基于一个有效推论有一个真的推导原则的事实，基于一个有效推论是这样一种推论，即在给定的一般方式下与任一真命题相关联的每个命题都为真的事实，我们就可以有把握地认为，一个真的推导原则能够使我们从真前提得出真结论，而且推导原则是按这个方式被确定为真的。另外，我们可以推出，一个推导原则是假的或者被确定为假，如果它不能使我们从真前提得出真结论。这里，很显然的是，当一个推论从真前提不能得出真结论时，它就是无效的，因为它有一个假的推导原则。

---

① *The Collected Papers of Charles Sander Peirce*，3，p. 160.

② Ibid.，p. 164.

现在，我们必须提一下对真的推导原则这一描述的一个重要修正。这就是，当我们说一个真的推导原则使我们能够从真前提得出真结论的时候，我们的意思并不是它必须使我们在任何情况下都能够从真前提得出真结论。有时，存在着一些真的推导原则，它们使我们仅仅在一定比例的情况下从真前提得出真结论。皮尔士称这样的推论为概然推论，以区别于正在讨论的普遍必然推论。关键是，存在着一些真的推导原则，它们使我们仅仅在一定比例的情况下能够从真前提得出真结论，这意味着一个有效推论如果可以根据一个真的推导原则被定义，那么它就必须被定义为一个过程，通过它我们一般从真前提得出真结论。

尽管我们已经澄清一个真的推导原则是如何与一个有效推论相关联的，但它仍然是一个问题，即在什么意义上我们能够说存在着真的推导原则，进而在什么意义上存在着如上描述的有效推论。在这个关系中，我们能够将皮尔士所称的"逻辑的"推导原则与"事实的"或"实质的"推导原则区别开来。① 按照皮尔士的说法，一个"逻辑的"推导原则是一种形式的或逻辑的命题，在明确陈述的时候，它没有给它所支配的推论的前提附加任何东西。在这个意义上，一个逻辑的推导原则仅仅具有一种逻辑的真或者仅仅是一个逻辑的陈述，它可以根据逻辑而被断定为真。另外，一个"事实的"或"实质的"推导原则是一个非逻辑的推导原则。换句话说，它是一个实质的命题，如果它为真，那么它就必须被根据背景而不是逻辑断定为真。现在，在逻辑的推导原则和实质的推导原则的区分上，显然我们总是可以采用逻辑真理或逻辑原则（包括形式逻辑规则和概率演算规则）作为我们知道为真并且应该为推论而采用的推导原则。类似地，我们总是可以采用与逻辑规则相一致的推论类型作为我们知道其为有效的推论。正是在逻辑真理这个意义上，我们将说到真的推导原则或有效推论的推导原则，而且正是在遵循逻辑规则这个意义上，我们将说到有效推论或具有一个真的推导原则的推论。

2. 必然推论与概然推论

为了明白一个有效推论概念如何在上述意义上与皮尔士基于概然推论之有效性的归纳辩护相关，我们必须明白，一方面皮尔士如何将归纳和所谓的"扩展推论"一般地与解释的或必然的推论区别开来，而且另一方面他如何将归纳与概然推论关联起来。

皮尔士将"解释的推论"定义为，结论中陈述的事实已被隐含在前提中，但直到进行推论时这些事实才被阐述或说明。它们也被称为"分析的"推论或演绎。② 逻辑证明和数学证明就是这种推论的例子。另外，"扩展推论"是"结论中所概括的事实并不被包含在前提所陈述的事实中"——因为它们是不同的事实——的推论。它们也被称为综

---

① Cf. , *The Collected Papers of Charles Sander Peirce*, 2, p. 589.

② Cf. , ibid. , p. 680.

合推论或归纳推论。皮尔士进而将它们细分为归纳和假说。演绎、归纳和假说具有如我们在皮尔士的如下三段论形式中所看到的不同特征①：

演绎	归纳	假说
所有 M 是 P，	S 是 M，	所有 M 是 P，
S 是 M，	S 是 P，	S 是 P，
所以，S 是 P。	所以，所有 M 是 P。	所以，S 是 M。

显然，上述形式的归纳并不完全符合我们通常的或正常的归纳概念，即归纳是一个从许多事例（而不是一个事例）中进行概括的过程。皮尔士给出了一般而且因此更好的归纳展示：

S$_1$，S$_2$，S$_3$ 等都是 M，

S$_1$，S$_2$，S$_3$ 等都是 P，

因此，所有 M 都是 P。②

一个这种形式的归纳实例如下：

这些豆子都是从这个包中取出来的，

这些豆子都是白色的，

因此，所有从这个包中取出的豆子都是白色的。③

通过皮尔士关于归纳和假说与演绎的区分，我们可以提问：它们在我们所限定的含义上是否有效以及如何有效？正如我们所看到的，每个推论都有一个使我们从其前提得出其结论的推导原则。演绎的推导原则显然是一个用逻辑必然性将结论与前提关联起来的命题。事实上，著名的逻辑原则分离规则（nota notae est nota rei ipsius）在现代逻辑中可以被表示如下：(x) (Fx⊃Gx)：Fa：⊃Ga。因为有逻辑原则作为推导原则，显然任何演绎在我们所限定的含义上都是有效推论。另外，归纳和假说的推导原则，当用命题来阐述时，似乎都不是逻辑上为真的，因为我们不能以一种显然的方式逻辑地证明归

21

---

① Cf. , *The Collected Papers of Charles Sander Peirce*, 2, pp. 623, 508－514.

② Cf. , ibid. , pp. 508－514.

③ Cf. , ibid. , p. 623. 类似地，根据皮尔士的观点，归纳的一般形式和假说的一般形式分别如下（Cf. , ibid. , pp. 508－514）：

所有 M 都是 P，

S$_1$，S$_2$，S$_3$ 等都是 M，

因此，S$_1$，S$_2$，S$_3$ 等都是 P。

所有 M 都是 P，

S$_1$，S$_2$，S$_3$ 等都是 P，

因此，S$_1$，S$_2$，S$_3$ 等都是 M。

这些推论事例显然都容易被构造出来。（Cf. , ibid. , p. 623）

纳和假说的结论来自其前提。从这个观点来看，在具有逻辑上真的推导原则的显然意义上，不能说归纳和假说是有效的。我们通过归纳或假说，从真前提得出的结论可能为真，但也可能为假：在归纳和假说的情况下，二者都不是不可设想的。但是，要说的是，这在任何意义上都不意味着，不存在我们在归纳或假说中所知的真的推导原则或逻辑规则，通过它们我们知道我们能够从真前提得出真结论或者知道从真前提得出真结论的确定数量。事实上，当归纳和假说的前提以这样的方式被呈现出来，以便允许我们从它们（被假设为真）得出真结论时，按照某些真的或逻辑上真的原则，它们必定被认为在与我们前面定义的推论有效性概念相一致的意义上有效。然而，当皮尔士将归纳和假说与概然推论关联起来，并基于概然推论而重述它们时，该有效性被加在了它们之上。

皮尔士提到的"概然推论"，是与他区别普遍必然推论或演绎和必然但非普遍推论或演绎相联系的。皮尔士称后者为"概然演绎"，或者更经常地称为"概然推论"，他只称前者为"必然演绎"。"必然演绎"的真前提必定永恒地产生真结论①，即它们的真前提必定在前提涉及的所有情况下毫无例外地产生真结论。另外，概然推论的真前提不能永恒地产生真结论，但必定能够在前提涉及的有限数量的而不是所有的情况下产生真结论。②

在我们继续揭示皮尔士"概然推论"的含义之前，我们先来看看必然演绎与皮尔士认为重要的"概然推论"之间的差别。第一，（全称演绎意义上的）必然演绎承认一类被包含于或不被包含于另一类之下（像前文演绎三段论所揭示的那样），然而概然推论考虑的是一类归于另一类之下的比例，即是说，概然推论在其前提中承认一类归于另一类之下的比例陈述。第二，对必然演绎的存在来说，宇宙中的对象可以不是可数的，而对概然推论的存在来说，为了能够有意义地说一类以某个比例被包含于另一类之下，宇宙中必须存在可数的个体。这里，皮尔士在本质上所坚持的是，在做出必然演绎时，我们不必为了考察是否给前提中提到的情况加上了量词"所有"而探求这些情况的本质，然而，在做出概然推论时，我们为了考察"某某的比例"这个术词是否适合前提中提到的情况而的确需要探求情况的本质。这再一次意味着，必然演绎既适用于分离的对象也适用于连续的对象，而概然推论仅仅适用于分离的对象。第三，必然演绎总是从真前提得出真结论，而概然推论则是常常从真前提得出真结论。第四即最后，根据皮尔士的观点，在必然演绎和概然推论之间存在着根本的不同：

> （两种推论之间的一种根本不同是，）演绎推论是从前提中客观事实的存在得出结论的；而在概然推论中，这些推理事实自身谈不上补偿结论的概然性，而是必

① Cf. , *The Collected Papers of Charles Sander Peirce*, 2, p. 267.
② Cf. , ibid. , p. 680.

须给出各种主观情景来加以说明，即前提一旦获得，这些情况的存在就无须补充考虑等；简言之，在概然推论中，好的信念和诚信对好的逻辑来说是必不可少的。①

当皮尔士断言，在概然推论中，推理事实本身（大概推理事实本身）甚至并不提供结论的概然性，但必须给出对各种主观情景的说明，皮尔士的意思并不是，不能说概然推论的结论在任何意义上都是概然的，假定没有忽视"主观情景"的话。皮尔士所要表达的意思是：对做出一个有效的概然推论来说，仅仅遵循真的推导原则是不充分的，尽管这是其结论可信赖的一个必要条件。就一个逻辑原则而言，而且就建立前提以及将前提与其他已知事实关联起来的适当方式（这里的"适当方式"指的是产生公平样本的抽样方式）而言，结论必定是概然的或可信赖的。在这个意义上，人们已经在概然推论中以某种方式限制了前提的性质。皮尔士要求概然推论的推论者要在前提中说明两个一般的条件：首先，如果前提提到一个样本，那么要求该样本被随机或公平地从其总体中选出；其次，结论必须从前提所提到的主体的任意新知识中得出而不是由前提给定。为了使结论能够被概然地或可信赖地得出，我们必须认可这两个条件作为判定概然推论之前提的合法性的标准。为了澄清这两个条件，为了批评皮尔士关于归纳的概率式辩护中所提到的它们的相关性，下一章我们再作分解。

我们现在可以回过头来说明皮尔士概然推论的思想。存在两种概然推论，皮尔士称为"简单概然演绎"与"真正概然演绎"或"统计演绎"。简单概然演绎事实上隐含着基于我们所知的比例的概率定义。下列推论形式是皮尔士给出的对简单概然演绎的一个说明：

（Ⅰ）比率为 r 的 M 是 P，

　　　S 是 M，

　因此，概率为 r 的 S 是 P。②

上述推论隐含了经典的或拉普拉斯意义（Laplacian sense）上的概率定义，依据经典的概率定义，概率是所有（有利的和不利的）情况中有利情况的一个比例。如果我们接受了这一概率定义，那么显然（Ⅰ）的结论就是真的，而且（Ⅰ）是有效的，在定义的范围内是一个真的推导原则。

将（Ⅰ）作为对"概然推论"的一种说明，我们可以考察它是否符合皮尔士将概然推论定义为从真前提得出真结论的定义。关于推论（Ⅰ），假定我们有 M 的 r+s 个事例（a_1, a_2, …, a_r, a_{r+1}, …, a_{r+s}）。a_1, a_2, …, a_r 也是 N 的事例，而且 a_{r+1}, …, a_{r+s} 不是 N 的事例。令 r 与 r+s 的比值为 P。那么，让我们考虑下列推论集合，并假定任一

①　*The Collected Papers of Charles Sander Peirce*, 2, p. 696.
②　Ibid., p. 695.

概然推论刚好进行一次。

若 a_1 是 M，则 a_1 是 N。

若 a_2 是 M，则 a_2 是 N。

············

若 a_r 是 M，则 a_r 是 N。

若 a_{r+1} 是 M，则 a_{r+1} 是 N。

············

若 a_s 是 M，则 a_{r+s} 是 N。

25　现在给定 a 属于集合（a_1，a_2，…，a_s），那么 a 必定或者是 a_1 或者是 a_2 或者是 a_s。显然，从上述推论集合得出的结论是，a 是 N 或者 a 是 N 的一个事例为真，仅当 $a = a_1$ 或者 $a = a_2$……或者 $a = a_r$；而且，当 $a = a_{r+1}$……或者 $a = a_{r+s}$ 时，a 是 N 或者 a 是 N 的一个事例为假。换言之，a 是 N 这个结论在给定上述真前提时只在比例为 $r/r + s = P$ 的情况下为真，而且只在这样一种比例的情况下必定为真，因为上述前提表明，M 的事例 a_s 并不是 N。在上述推论系统中从给定前提得出结论"a 是 N"的概率，是根据给定推论系统中从真前提得出这个结论为真的情况的比例来定义的。

因而我们证明了，皮尔士所称的"简单概然演绎"并不与他关于概然推论的定义相一致。我们现在转到"真正概然演绎"或"统计演绎"。按照皮尔士的观点，"真正概然演绎"或"统计演绎"，在大多数情况下都是通过简单类比推理，从真前提到真结论的有效推论。形式如下：

S_1，S_2，…，S_n 是构成 M 的大量随机样本，

有比例为 r 的 M 是 P，

因此，样本 S_1，S_2，…，S_n 中概然地和近似地有比例为 r 的 M 是 P。①

根据皮尔士的观点，统计演绎的有效性在于以下这个事实，即这个推论遵循一个真的推导原则。这个要讨论的真的推导原则是，样本的构成比率概然地和近似地等于从中抽样的总体的构成比率。因为皮尔士说："统计演绎的原则是两个比例——M 中 P（N）的比例和 S（即 S_1，S_2，…，S_n 的样本）中 P（N）的比例——概然地和近似地相等。"② 因为皮尔士并没有对这个原则的本质和真作任何解释，所以下面我们将讨论应该如何理解这个原则，如何从逻辑上证明它的真，最后与这个原则相一致，统计演绎在大多数情况下如何得出真结论。

我们可以认为，统计演绎的上述推导原则不同于经典概率演算的法则，为了讨论的

---

① *The Collected Papers of Charles Sander Peirce*，2，p. 700. 为了让现在的读者更好理解，我重新阐述了皮尔士关于这一三段论的陈述。

② Ibid.，p. 702.

方便，我们可以把它称为大数逻辑法则。这个大数逻辑法则说的是，给定任一大的总 26
体，总体中一个相当大范围的大多数样本的构成比率，与总体的构成比率具有相同或几
乎相同（如允许一个小范围的近似）的值。在这一表述中，该法则是关于具有总体或类
的某种构成的样本或子类的比例的算术真理。但在经典概率演算的框架下，这个法则成
为所谓超几何概率的最大值法则。关于该法则的简明阐述和详细数学证明，我们将在本
书附录二中提供给读者。① 为了我们的目的，可以在这里解释一下，我们如何将这个法
则阐述为概率的法则，以便我们能够赋予皮尔士关于该法则的简述和关于统计三段论的
陈述中所用到的"概然地"和"近似地"这些术语意义。

首先，我们提一下经典的或拉普拉斯的概率定义的原则。根据该原则，一个概率应
该依据所有（有利的和不利的）情况中有利情况的有穷比例来定义，假定这些情况在论
域中穷尽且互斥。根据这个可用的概率定义，显然一个样本具有某种构成的概率是所有
样本都具有那种构成的比例。

大数逻辑法则断定，给定任一总体，该总体中的大多数样本具有和总体相同或几乎
相同的构成，并且这些样本在总体中的比例 P 大于具有其他构成的样本在总体中的比
例。这些样本必定在所有样本中存在一个比例 P，大于任一总体中所有样本里别的样本
构成的比例。因此，具有和总体相同或几乎相同的构成的样本的比例 P（经典意义上的
有穷频率或比例），必定大于具有其他构成的任一别的样本的比例。正是因为这些术语，
大数逻辑法则成为了经典概率的法则。当皮尔士运用"概然相等"来描述总体匹配样本
的构成比率和总体之间的数值关系时，他指的就是这个概率法则中的概率 P。 27

为赋予皮尔士关于大数逻辑法则的陈述中"近似地"这个词语意义，我们可以注意
到这样的事实：在我们关于大数逻辑法则的陈述中，我们并没有要求总体中的大多数样
本具有与总体全然相同的构成比率，而是仅仅要求它们的确具有与总体相同或几乎相同
的构成比率。这是因为，具有与总体全然相同的构成比率的样本的数量是非常小的。具
有与总体几乎相同的构成比率的样本是有 r 值作为其构成比率的样本，使得：

$$p - e \leqslant r \leqslant p + e$$

p 是总体的构成比率的具体值，e 是 r 和 p 的小差别。当皮尔士用"近似相等"来描述
特定样本和总体的构成比率的数值关系时，他无非意味着，讨论中的这些样本并非全然
相同，而是仅仅具有与总体几乎相同的构成比率，即上面所说到的样本的"几乎相同的
构成比率"。

在这一点上，我们可以提及将这个大数逻辑法则设想为概率法则的几点重要事

---

① 关于这个法则的简明阐述和我在附录二中提出的关于这个法则的详细数学证明，我是独立于别人的资料而
做出的。就我所知，数理统计和概率论中都尚未有别的标准文献给出过证明或阐述，这很重要，尽管似乎是显然的
原则。

实。首先，如果已知总体的构成比率的值，那么这个法则就可以被用来在所谓超几何分布的标准偏差所规定的差别范围内计算假定与总体具有相同构成比率时样本的高概率。其次，如果我们不知道总体的构成比率的值，而且如果我们想根据给定样本的构成比率的值来估算总体的构成比率的值，那么根据这个法则，在小差别的范围内，我们仍将要有高概率。但事实上，要确定这些概率和各种差别，我们可以运用概率论的中心极限定理于我们接下来终将知道的结果：对于所谓"均值的标准误差"所规定的差别范围 $\sigma_x = \sqrt{p(1-p)/n}$（p 是样本的构成比率的值，n 是样本的大小），样本的构成比率（或样本均值）与总体的构成比率一致的概率为 0.682 6。对于 2σ 所规定的差别范围，至少存在 0.954 4 的概率，等等。对这些数理统计结果的说明，读者可以参考本书的附录三。①

3. 概然推论的有效性

思考大数逻辑法则的上述解释，我们可以追溯到皮尔士的统计演绎，以及考虑它如何必定是这样一种有效的概然推论，即在大多数情况下，根据它的推导原则——大数逻辑法则——得出真结论。我们的考虑将以下述方式来进行。首先，我们必须说明的是，统计演绎②的第一个前提陈述的是，一个给定样本是来自一个给定总体的公平样本或大量随机样本。无论目前皮尔士附加给"公平样本"或"大量随机样本"这些概念的意义是什么，我们都可以指出，公平样本对客观典型性来说并不是必要的，即具有一个近似于总体之构成比率的构成比率，或者更简单地，关于给定性质 P，它的构成比率的值与总体的构成比率的值相差无几。唯一要求的是，并不知道公平样本是客观非典型的，即不知道它的构成比率的值非常不同于总体的构成比率的值。如此来理解公平样本，我们的确可以证明，统计演绎是有效的概然推论。

其次，让我们来说明一下，在大数逻辑法则所确定的概率关系下，一个统计演绎如何才是有效的推论。我们的解释是这样的。一个统计演绎是与这样一类概然推论相关的，即从形式为"S 是一个大小为 n 的样本"的前提，得出形式为"S 具有与总体近似的构成比率"的结论，其中 S 包括从总体中抽出的所有大小为 n 的样本，而且每个这样的样本只能被抽取一次。既然根据大数逻辑法则，相同大小的样本的高比例（从总体中可以推出），具有与总体的构成比率近似的构成比率，那么上文所描述的那类概然推论

---

① Cf., *The Collected Papers of Charles Sander Peirce*, 2, p. 287. 尽管事实上皮尔士没有发展任何系统性的统计学，但他经常考虑概率公式，如概然误差的概率公式。因此，与他关于概然推论的讨论相联系，理解皮尔士运用统计法则或概率法则得出统计的演绎和归纳的结论的论证对我们是有好处的，后面将会看到，数理统计学和概率论中基本法则的某种详细表达将在附录中给出。

② 就像在下一章我们将会看到的，统计演绎的这个共同前提也是一个归纳的前提。

就将具有高比例次数的真结论。这是因为，总体中的大多数样本将证实推论的大多数结论，而样本的其余部分将证伪推论的其余结论。在这个意义上，大数逻辑法则是统计演绎的推导原则，而且根据该原则，我们可以从真前提得出大多数真结论。

这里，当我们断言一个统计演绎与上文所描述的那类概然推论相关联时，我们的意思是，它可以被看作给定类下的概然推论之一。这是因为，它的第一个前提陈述了给定样本是公平样本，即在我们的意义上是能够一次从给定总体得出的样本。就这一理解而言，我们可以根据拉普拉斯原则即概率是一个有利情况在所有（有利的和不利的）可能情况中的比例，用上文所描述的那类概然推论得出真结论的高比例来定义统计演绎的概率。正是在概率的这一含义上，鉴于给定样本是公平的这个前提与给定样本具有同总体的构成比率近似的构成比率这个结论之间的概率关系，我们可以将统计演绎理解为一种有效推论。这是因为，根据大数逻辑法则，前提与结论之间的概率关系是一种逻辑关系。

在这一点上，我们应该对皮尔士关于统计演绎的阐述做出两点批评。首先，既然统计演绎的概率是其前提与其结论之间的一种概率，那么它在推论的结论中就不应该被提到。当它在推论的结论中被提到时，我们就误认为概率是从推论的前提中得出的结论。皮尔士在其关于统计演绎的结论的叙述中使用了"概然地"这个词，这似乎就给了我们以上这个印象，尽管事实上皮尔士意图要做的是，主张关于样本的构成比率的结论被概然地从关于总体的构成比率和公平样本的前提中推论出来。[①]

其次，给定样本具有与总体的构成比率近似的构成比率这一陈述可以被更准确地表达为：给定样本之构成比率的值与总体之构成比率的值相差无几。当皮尔士在统计演绎的结论中同时使用"近似地"这个词和"概然地"这个词时，我们并不知道它们所指称的具体是什么，尽管无论如何它们都应该指称统计演绎的结论"给定样本之构成比率的值与总体之构成比率的值相差无几"中提到的"相差无几"。

鉴于对皮尔士关于统计演绎的阐述的这两点批评，我们可以更好地阐述统计演绎：

S_1, S_2, …, S_n是构成 M 的大量随机样本，

有比例为 r 的 M 是 P，

因此，给定样本中 P 对所有 M 的比例与 r 相差无几。

或者

因此，相差无几地，给定样本中有比例为 r 的 M 是 P。

通过根据大数逻辑法则断定这个推论及其结论具有高的概率值，我们就可以得出这个推论有效。

---

① 皮尔士在此断言："统计演绎的结论在这里被认为是'比例为 r 的 S 是 P'，而且'概然'这个词道出了得出这个结论和这个结论为真的模态性。"(*The Collected Papers of Charles Sander Peirce*, 2, p. 721n1)

到目前为止，我们已经看到皮尔士的"概然推论"有别于"普遍必然推论或解释推论"，而且我们已经说明了一个概然推论何以能够是有效的，并根据推导原则而具有概率真理。① 我们已经看到，归纳和假设在"普遍必然演绎"的意义上都不是有效推论。但是，它们是否可以被解释为具有概然推论所具有的那种有效性，则是一个悬而未决的问题。的确，皮尔士根据概然推论来叙述与解释归纳和假设，并将概率演算原则指派为它们的推导原则。这样，他试图为一般的扩展推论辩护。所以，在下面的章节我们将集中关注皮尔士将归纳叙述和解释为一种大数逻辑法则下的概然推论的意图，如前所述，大数逻辑法则是它的推导原则。这将构成皮尔士关于归纳的概率式辩护。

31

---

① 显然，如果我们在更广的意义上来把握逻辑，以至于包括经典概率演算，那么概率演算的推导原则下的概然推论在具有一个逻辑推导原则的意义上就可以被认为是有效的。

第四章　概然推论与归纳辩护

1.　归纳和统计演绎的反证法转换

皮尔士在其《概然推论的理论》一文中，以下列三段论的形式对归纳作了叙述：

S_1，S_2，…，S_n是构成 M 的大量随机样本，

有比例为 r 的 S_1，…，S_n 是 P，

因此，概然地和近似地，有比例为 r 的 M 是 P。[1]

要将归纳作为有效的概然推论来辩护，皮尔士证明，可以从统计演绎的"反证法转换"得到上述形式中所叙述的归纳。下面我将解释这一点。

皮尔士用语中的"反证法转换"，是将一个推论变换为下列形式的相应推论。给定一个普通的必然推论，如下：

所有 P 是 M，

这些 S 是 P，

因此，这些 S 是 M。

将这个推论进行"反证法转换"运算，将得到下列相应的必然推论：

这些 S 不是 M，

这些 S 是 P，

因此，有些 P 不是 M。

在这个意义上，"反证法转换"只不过是通过否定一个推论的后件而否定其前件的运算。通过这个运算，一个有效的推论总是会产生一个有效的推论。这里，皮尔士的观点是，运用"反

---

[1] *The Collected Papers of Charles Sanders Peirce*，2，p. 702.

证法转换",通过统计演绎的有效推论可以确定,我们能够证明上面他给出的归纳形式的有效性。① 他称这种证明为"反证法证明",并称统计演绎为归纳的"解释三段论"。②

让我们来考察一下,我们是否真的能够根据统计演绎的"反证法转换"来理解归纳的有效性。下列引述用皮尔士自己的话说明了,我们如何能够通过一种统计演绎的"反证法转换"得出一种归纳:

> 现在假设我们要问的是,什么是一个统计演绎之反证法转换的结果,例如,令我们有形式 IV:
>
> S 是 M 的大量随机样本,
>
> 有比例为 r 的 M 是 P,
>
> 因此,概然地有比例为 r 的 S 是 P。

比例 r,就像我们已看到的那样,是不必完全确定的;它也许仅仅被认为是具有某种极大量或其他极小量;事实上,它可以有各种不确定性。在 0 和 1 之间的所有可能值中,它承认某些而排斥其他的。所以,比例 r 的逻辑否定自身是一个比例,我们称之为 p;它承认 r 所排斥的任意值,而且排斥 r 所承认的任意值。进而交换大前提和统计演绎的结论,同时否定二者,我们将获得下列转换形式:

> S 是 M 的大量随机样本,
>
> 有比例 p 的 S 是 P,
>
> 因此,概然地有比例 p 的 M 是 P。

但这是与归纳公式相一致的。③

现在,如果我们承认上述形式的统计演绎是有效的推论,并且进而承认上述形式的归纳确实是统计演绎之"反证法转换"的一个结果,那么我们就得承认上述形式的归纳也是一种有效的推论。我们已经证明,我们必须用更好的形式来重新阐述统计演绎,以便理解其有效性。这里,我们要表明的是,考虑到皮尔士关于统计演绎的阐述,要确定统计演绎的反证法转换形式是困难的。

34   这里的困难在于否定统计演绎的结论——命题"因此,概然地有比例为 r 的 S 是 P"——时的模糊性。该结论中否定的范围可以被认为包括了整个命题"因此,概然地有比例为 r 的 S 是 P",或命题"概然地有比例为 r 的 S 是 P",或(像皮尔士所希望的那样)命题"有比例为 r 的 S 是 P",或仅仅"S 是 P"。否定的这些不同范围的否定结果相应地是命题"没有可能有比例为 r 的 S 是 P"、"大概没有比例为 r 的 S 是 P"(意思

---

① 他把确定扩展推论有效性的规则概括为:"归纳或假设是反证法修正(在逻辑的传统语言中被称作化归)的三段论必然有效。"(*The Colleted Papers of Charles Sanders Peirce*, p. 723)该段中的"反证法修正"或"化归"被简称为"反证法转换"问题。

② Cf. , ibid. , pp. 511, 717–723.

③ Ibid. , pp. 719–721.

是，大概并非相差无几的比例为 r 的 S 是 P）、"大概大约没有比例为 r（所以，有比例 p）的 S 是 P"、"大概大约有比例为 r 的 S 不是 P"。从统计演绎结论的否定的这些可能结果，我们能够构造统计演绎的各种各样的反证法转换形式。如果实际上没有这样做，那么我们的观点显然是：因为在皮尔士的阐述中并不存在统计演绎的唯一的反证法转换形式，所以统计演绎的反证法转换不需要必定产生皮尔士所阐述的归纳。

然而，也许有人认为，我们将统计演绎的反证法转换形式考虑为：如果它保持有效性，那么它就是统计演绎的反证法转换形式。但进而困难的是，我们必须探求统计演绎的反证法转换形式保持有效性的可能。尤其是，我们必须探求皮尔士所阐述的归纳是否保持有效性，以作为对给定统计演绎进行反证法转换的结果，以及如果它保持有效性的话，它是如何保持的。事实上，皮尔士在上述引文中所阐述的归纳保持有效性并不明显。类似"反证法证明"或"解释三段论"那样的归纳有效性的说明或证明，皮尔士并没有成功地做出来。相反，因为"反证法证明"所包含的模糊性，它混淆了这样的问题：根据概率论的某种逻辑原则，我们如何才能将归纳看作一种从样本到总体的概然推论？

2. 作为一种有效的概然推论的归纳

对作为一种从样本到总体的概然推论的归纳的有效性的真正解释来自皮尔士自己的如下观点，即归纳的结论不必仅仅来自其前提，但必须遵从概率原则而得出。皮尔士在其关于统计演绎为什么可转换为归纳的观点中提到了这个原则，他的叙述是："因为它依赖 P 在全类中的比率和 P 在优势样本中的比率之间的近似相等原则，而且相等是一种可交换关系。"① 这里的原则，像我们提到的那样，就是大数逻辑法则。接下来，我们将考察的是，根据大数逻辑法则而不考虑任何"反证法证明"之类的东西，归纳如何才能被认为是一种从样本到总体的有效推论。

就像用更好的形式来重构统计演绎的情况那样，为了避免误解，我们也可以仿照皮尔士的做法来如下重构归纳：

S_1，S_2，…，S_n 是构成 M 的大量随机样本，

给定样本中有比例为 r 的 M 是 P，

因此，总体中 M 是 P 的比例与 r 相差无几。

或者

因此，相差无几地，总体中有比例为 r 的 M 是 P。

这里我们要说明的是，该形式的归纳是有效推论，其前提和结论之间是一种概率关系，

---

① *The Collected Papers of Charles Sanders Peirce*，2，p. 718.

这是由大数逻辑法则决定的。

首先，我们可以明确地说，上述形式的归纳与下面描述的一类概然推论相关，它可以被认为是该类的概然推论之一。这类概然推论是，由形式为"S 是大小为 n 的样本"的前提，得出形式为"总体的构成比率与 S 的构成比率 x 的差值为一个很小的数 e"的结论的推论。其中，S 是一个变量，它的域是总体中所有大小为 n 的样本，每个样本只能被选取一次，x 是闭区间 [0, 1] 的变量。现在给定一个从总体中选取的大小为 n 的公平样本 S_1，S_2，…，S_n，并且将公平样本解释为我们不知道其是客观非典型的那类样本，那么给定样本就可能取从总体中选取的任一大小为 n 的样本所可能取的任何构成比率值。在这个意义上，它可以被认为属于总体中大小为 n 的全体样本的集合。用样本 S_1，S_2，…，S_n 来设想这一方式，显然我们阐述的归纳可以被设想为上述推论类型中的可能推论之一：我们阐述的归纳，正是从形式为"S 是大小为 n 的样本"的前提，到形式为"总体的构成比率与 S 的构成比率 x 的差值为一个很小的数 e"的结论的推论，其中变量 S 取具体样本 S_1，S_2，…，S_n 作为其值，x 代表 S_1，S_2，…，S_n 已知的构成比率 r。

接下来，我们将要阐明，上述概然推论类型，包括我们阐述的归纳，与我们所讨论的统计演绎的有效性相关联的那类概然推论假设了同样的形式。这后一种概然推论可以被更简明地描述为，由形式为"S 是大小为 n 的样本"的前提，和形式为"总体的构成比率与 S 的构成比率 x 的差值为一个很小的数 e"的结论所构成的推论，其中，S 是一个变量，它的域是总体中的所有样本，每个样本只能被选取一次，x 是闭区间 [0, 1] 的变量。当下要阐明的是，这类概然推论假设了与从形式为"S 是大小为 n 的样本"的前提，到形式为"总体的构成比率与 S 的构成比率 x 的差值为一个很小的数 e"的结论的那类概然推论的同一形式，其中，S 和 x 具有同样的值域，我们仅仅需要证明的是，结论"S 的构成比率与总体的构成比率 x 的差值为一个很小的数 e"和结论"总体的构成比率与 S 的构成比率 x 的差值为一个很小的数 e"所陈述的是同样的东西。显而易见，它们所陈述的是同样的东西。如果我们假设总体的构成比率为 p，而且样本的构成比率为 r，那么通过不等式可以将第一个结论表达为：

$$p - e \leqslant r \leqslant p + e$$

而且，通过不等式可以将第二个结论表达为：

$$r - e \leqslant p \leqslant r + e$$

这两个不等式显然等价。这表明，我们的结论的确陈述了同样的东西。这说明，我们所阐述的归纳所属的那类概然推论与统计演绎所属的那类概然推论假设了同样的形式。

通过上面的理解，我们最后可以声称，因为大数逻辑法则——从总体中可以选取的大多数样本具有与总体的构成比率相差无几的构成比率值——必然确定了统计演绎所属的、从总体到样本的那类概然推论的真结论的高比例，所以它同时必然确定了归纳所属的、从样本到总体的那类概然推论的真结论的高比例。这是因为，它们都指称同样形式的推论。事实上，我们可以如下重述大数逻辑法则：总体具有一个与给定大小的大多数样本的构成比率相差无几的构成比率值。根据这个法则，我们可以很容易地检验，上述的那类概然推论和我们所阐述的归纳都应该以高比例的次数得到真结论。在这一点上，我们可以回顾前文：我们已经根据拉普拉斯概率原则，用从总体到样本的那类概然推论得出真结论的高比例定义了统计演绎的概率。同时，我们也可以根据拉普拉斯概率原则，用从样本到总体的那类概然推论得出真结论的高比例来定义我们所阐述的归纳的概率。我们进而可以根据归纳自身的概率来定义归纳结论的概率。我们所阐述的归纳之归纳前提和归纳结论的概率关系可以通过推论的概率，因而通过参考大数逻辑法则来解释。正是通过参考大数逻辑法则，我们总是能够高比例地从一个适宜的归纳前提推断出一个适宜的归纳结论，就像我们前文关于归纳的阐述所展示的那样。正是在这个意义上，我们说归纳是一种有效的推论，进而在适宜的归纳前提和适宜的归纳结论之间存在一种逻辑关系。

在上述意义上，我们已经表明，我们所阐述的归纳是一种以大数逻辑法则作为推导原则的概然推论。就是说，根据大数逻辑法则，我们已经使得从给定公平样本推出关于总体的结论的归纳推论变得有效。所以，与其说归纳作为一种概然推论的有效性源自一种有效统计演绎的"反证法转换"，不如说它源自以下事实，即归纳是基于大数逻辑法则而从样本到总体的推论。这并不是说，统计演绎和归纳之间不存在任何关系：它们之间的关系在上文关于归纳有效性的分析中得到了明确，但不是"反证法转换"这个概念所揭示的。

既然有效的归纳是，其前提应该给予我们关于公平样本的信息，并且其前提与其结论是一种概率关系，那么我们就应该考虑皮尔士总是且必然用这些词来论证归纳的有效性，而且在这个意义上称这个论证为公平样本的概然推论的有效性的论证。这应该构成了皮尔士关于作为一种有效推论的归纳的概率式辩护。

第五章　对归纳有效性的要求*

1. 一般性评述

　　在这一章，我将考察归纳有效性的两个要求，皮尔士认为它们对于归纳推论的有效性非常必要。第一个要求，如我们所看到的，是关于归纳前提的公平抽样或获得公平样本的要求。皮尔士说："科学推论（例如，归纳等扩展推论）的首要前提是，（归纳中的）某种事物或（假说中的）某种特征构成了该类事物的公平样本或它们被选出所依据的特征。"① 第二个要求是预设，皮尔士称之为有效归纳的必要条件（sine qua non）。② 它要求我们在总体的事例实际被选择之前，因而在我们知道它们是否是总体的事例或者作为总体的事例它们有多少之前，弄清我们将根据什么样的具体特征对给定总体进行抽样，以及我们打算从总体中选出多少事例作为总体的样本。

　　下面，我将首先考察皮尔士将公平抽样原则作为确定有效概然归纳推论之基础的叙述，并指出包含在其公平抽样概念中的某种困难。这个批评将产生一种关于公平抽样原则的新阐述，以及我自己对样本之公平性的新解释。然后，我将进一步考察皮尔士预设的要求，这个要求对归纳的有效性是必需的。我将表明，皮尔士的预设概念并不清晰，

而且它包含着强要求和弱要求，前者是错误的，而后者需要实证化。

2. 皮尔士论公平抽样和公平样本

　　皮尔士通过下列语句来阐述他的公平抽样原则：

　　　　这一原则要求，样本应该被随机地、独立地从总体中抽取。这就是说，抽取样

---

　* 本章的一个简化版已于 1965 年 4 月在芝加哥召开的美国哲学协会西部分会年会上宣读。

　① *The Collected Papers of Charles Sanders Peirce*，2，p. 726.

　② Cf.，ibid.，p. 783.

本的规则或方法必须能够被重复地、独立地使用，并且最终能够使得相同大小的任一事例集合被抽到的频率是相等的。①

关于公平抽样原则的理解有两点需要注意。首先，通过这一方法，在长期经验探究过程中，具有某类构成的样本在抽样过程中以一个相对的频率出现，这个频率与具有这类构成的样本在总体中所占的比例是相同的。这里的"长期探究"必须被理解为无穷长的过程，如果要"无穷地一次又一次"地进行抽样的话。正如我们将看到的，一个长期经验探究过程中的相对频率就是所谓经验意义上的概率。

其次，当皮尔士写到从总体中抽取集合或样本时，他的意思是有放回的抽样。有放回的抽样系统在下列重要方面不同于无放回的抽样系统。前者允许我们一次又一次地抽取同样的集合或样本，因为每一次被抽取后的同样的集合或样本又被放回了总体，然而后者并不允许我们第二次抽取同样的集合或样本，因为第一次抽取的集合或样本不能被放回总体。因此，有穷总体的对象可以被无放回的抽样穷尽，但不能被有放回的抽样穷尽。

在有放回的抽样系统中，总体事实上成为了具有一个无穷大范围的抽取总体。当皮尔士要求一个公平抽样的方法或原则必须以相同频率长期抽取总体中的每一个集合或样本时，他并不大可能意味着运用无放回的抽样系统。因为那样的话，将不会存在任何这样的"长期"。而且，运用无放回的抽样系统，以相同频率从总体中抽取同样大小的集合或样本，这在理论上是不可能的。例如，在我们从三个对象 a，b，c 的总体（a，b，c）中抽取两个对象 a，b 的集合（a，b）之后，我们并不会有同样的机会来抽取 a，b 的集合（a，b），或者 b，c 的集合（b，c），因为在总体中只有 c 了。②

我们现在可以断言，当皮尔士说公平样本（或公平抽样）是按照某个方法被抽取的，其中总体中的每一个样本都将在长期经验探究过程中被平等地抽取时，他已经将公平样本理解成了总体的一个子集，它始终与相同大小的所有其他子集一样长期以相同频率被选择。公平样本也能够被理解为，具有某类构成的样本在抽取的过程中出现的频率会趋向一个相对频率，而这一相对频率与这类样本在总体中的比例是相同的。

这里，关于公平样本的这一定义方式尚存在严重争议。第一，我们既无法知道任一给定规则或方法是否能够保证在总体中等频率地抽取每个样本，也无法确认这一规则或方法是否能够保证具有某类构成的样本在抽样过程中出现的频率会趋向一个相对频率，而这一相对频率与这类样本在总体中的比例是相同的。第二，由于抽样过程是无穷的，

① *The Collected Papers of Charles Sanders Peirce*, 2, p. 726.
② 根据组合法则，我们可以根据大小为 n 的总体的不同构成计算出大小为 r 的所有可能的抽样方式。这些可能方式的数量可以通过下列公式得到：$C_r n = \dfrac{n!}{r!(n-r)!}$。

所以确保给定规则或方法使我们能够在长期经验探究过程中以相同频率从总体中抽取任一样本，是无法验证和不能证实的，因而是缺乏经验意义的。第三，不存在明确的标准，可以将能保证以相同频率抽取样本的方法和不能保证以相同频率抽取样本的方法区分开。即使我们与皮尔士不同，将抽样过程假设为有穷的，那么我们又如何确保皮尔士的抽样方法能以相同频率抽取所有样本呢？所以，给定三个对象 a，b，c 的总体（a，b，c），理想化的抽样方式是，首先可以抽取 a，b 的样本（a，b），然后抽取 b，c 的样本（b，c），再然后抽取 a，c 的样本（a，c）。但事实不是这样，因为我们不能确定所抽取的就是（a，b），然后抽取（b，c），再然后抽取（a，c）。换言之，从我们所知道的已经抽取的并不能确认我们是否将再一次抽取相同的样本。即使我们的方法已经使得以相同的频率来抽取某个样本，因而我们具有抽样方法的公平性的归纳证据，但这不能确认已经抽取了所有样本或者这一过程将持续下去。简言之，不存在经验证据能够使我们确认，我们的方法已经从总体中取出所有样本或者在有穷步骤内以相同频率将它们取出。

但出于论证的目的，我们可以承认，在某种意义上存在这样一种方法，它能使我们在有穷步骤内以相同频率从总体中抽取每一个样本。这一意义所要表达的是，我们已经通过运用给定的方法，以相同频率从总体中抽取了所有样本，而且我们知道这是真的。那么，根据对这一方法的定义，我们就肯定能够知道总体中所有不同构成的样本，而且肯定知道这些样本在总体中的不同比例。这也就意味着，我们掌握了关于总体的所有信息，而且不必进行从样本到总体的归纳。事实上我们知道，一旦通过确认，我们的方法已经以相同频率抽取了所有构成的样本，这些样本就是总体的近似客观呈现。通过知道已经大量出现的样本的大致构成比率，我们事实上就可以知道总体的大致客观构成比率。如果我们确认样本的公平性必须假设我们已经知道了总体的客观构成比率，那么就不必进行从样本到总体的归纳。

也许皮尔士会回应说，他所阐述的公平抽样原则的意思仅仅是，如果这个方法事实上不能使我们以相同频率从总体中抽取每一个样本，那么我们就必须陈述适当的条件，在这些条件下我们就可以辩护说，我们的方法将使得我们以相同频率从总体中抽取每一个样本。然后，我们要问的是：这些适当的条件究竟是什么？皮尔士没有具体指出来，也没有给出任何先验的标准，依据这些标准所认可的方法，我们就能够长期地以相同频率从总体中抽取每一个样本。我们也许认为，这些适当的条件是这样的：依赖它们，我们就可以有效地从公平性得出结论，这样，抽样的方法将总是公平的。但是，这当然没有什么帮助。因为我们在确定抽取公平样本的时候，就已经以归纳是有效的为基础并运用这个方法，即通过归纳是有效的这个基础来确保公平抽样方法，这样就陷入了循环论证。

基于上述分析，我们可以看出，无论先验的理由还是经验的理由，它们都不能必然地确保抽样方法可以使我们能够以相同频率从总体中抽取每一个样本。我们能够安全地得出以下结论：皮尔士的抽样原则无用，任何皮尔士意义上的公平抽样方法都将使得归纳没有必要，因而皮尔士意义上的公平样本不是概然归纳的真正基础。

3. 公平抽样的原则：一个新的描述

要真正理解公平抽样方法，或者要真正理解与公平抽样方法相关的具体公平样本，事实上必须排除以下两种情况：

（A）我们必然知道一种公平抽样方法一定能产生客观典型样本。
（B）我们必然知道一种公平抽样方法一定不能产生客观典型样本。

这是因为，如果 A 成立，那么关于总体的构成比率，我们就不再需要用归纳得出结论。[①]如果 B 成立，我们就不能做出一个有效的归纳，因为我们根据 B 所得出的归纳结论将会是假的。因此，在定义公平样本时，A 和 B 这两种情况都必须被排除，因为一个将导致演绎，而另一个将导致一个错误的归纳结论。下面存在着两种可能，既不会导致演绎也不会导致错误的归纳结论，但并不是因为这个理由而与定义公平样本毫无关系。它们是：

（A′）我们知道给定大样本的构成比率 r，但我们不知道给定样本是客观典型的。

（B′）我们知道给定大样本的构成比率 r，但我们不知道给定样本不是客观典型的。

将（A′）和（B′）组合起来，可以得到下列陈述（C）：

（C）我们知道给定大样本的构成比率 r，但我们不知道给定样本是否是客观典型的。

当然，从（C）我们不能必然地推出以下结论：不能像（A）那样，从给定样本具有构成比率 r 得出总体具有这种构成比率 r；而且，从（C）我们也不能必然地推演以下结论：不能像（B）那样，从给定样本不具有构成比率 r 得出总体不具有这种构成比率 r。从（C）仅仅可能或（在直觉上）概然得到总体具有构成比率 r。根据这一点我们可以认为，样本并不是客观典型的。我们可以根据自己关于公平样本的理解来定义公平抽样的方法（method of fair sampling）：如果我们通过运用一种方法能够抽取出公平样本，那么这种抽样方法就是公平的。当然，当还不能确认不公平样本的时候，我们就可以首先定义公平抽样方法；或者换句话说，当还不能确认它能够使我们得到客观非典型样本时，

---

① 那当然好，但任何这样的要求都不可能（正常地）实现。

44

我们就可以简明地定义公平样本，即通过自己所理解的公平抽样方法来得到。

关于公平样本的这个新定义，存在两个值得注意的地方。首先，当我们说一个样本在我们的意义上是公平的时，我们并不意味着关于这个样本我们并不知道任何信息，即并不意味着关于这个样本我们处于一种完全无知的状态。相反，我们假设了已知样本的构成比率为 r，并且具有统计学意义上的大小范围。① 建立在给定样本基础上的经验概括的概率，在这个意义上并非仅仅建立在没有经验基础的机遇原则的基础上。因为这个概率已经具有经验性基础，即我们经验知识的某种构成比率 r 和某种大小的样本 n，即使这个概率是根据概率演算的逻辑法则来确定的。要是接受或相信基于我们意义上的公平样本的归纳结论是合理的，那么根据概率演算所定义的归纳结论的概率就可以被认为是对其合理可信性的一个解释。我们在第十四章将结合刘易斯"概率的可信性理论"进一步讨论这一点。

其次，在对公平样本进行新的解释之后，事实上我们的观点是，公平样本之构成比率与总体之构成比率近似的概率，取决于满足这一条件的样本在所有样本中的比例。关于这点，我将进行简单的解释。第一，我们关于等可能地抽取的所有样本是在特定意义上说的②：（1）它们是完全可穷尽并且互斥的集合；（2）在抽样操作中样本被抽到的可能性是对称的，这就是说，如果有理由期待某个具体样本被抽取，那么就有同样的理由期待其他样本被抽取，而且如果没有理由期待某个具体样本被抽取，那么就没有理由期待其他样本被抽取。第二，由于我们无法知道一个公平样本是否是客观典型的样本，因而我们将其归类于总体中被等可能地抽取的所有样本的集合。进而根据事实，我们能够知道，存在着能够从所有样本中抽取出来的大多数或高比例的样本，其拥有与总体近似的构成比率。我们知道，公平样本具有与总体近似的构成比率，即经典（拉普拉斯）概率值，也就是我们这里提到的满足条件的样本在总体中所占比例的值。

根据对公平样本的这个新解释，归纳就可以被定义为基于公平样本的推论，不需要预设归纳的有效性，因为样本的定义没有预设归纳的有效性。"S 是一个公平样本"这个陈述并不意味着我们必须知道 S 在归纳层面上是公平的。如果（先验地或归纳地）不知道它的客观非典型性，那么这仅仅预设了我们抽取了一个样本作为归纳的基础。既然在新的解释范围内公平样本可以被作为断定一个归纳结论的证据，那么我们就认为归纳可以被建构为一种推论，即前提是新解释下的公平样本，结论是从前提根据概率原则（如大数逻辑法则）以拉普拉斯意义上的概率逻辑地得出来的。因此，我们可以在新解

① 本文这里没有将这个概念形式化。这个概念指的是在数理统计学中各种各样的样本大小从系统性上会影响到它们对于总体的代表性。

② 这是对著名的无差异原则的阐述。这里需要强调的是，我们的目的是：（1）无差异原则并不支配我们关于构成比率和已知样本的大小的经验知识；（2）这个原则在这里只是用来解释，而不是确证我们基于公平样本的概率概念。

释下从公平样本将归纳推论阐述为如下统计三段论：

（1）谓词 P 在总体 M 的大量样本 S 中以某个比例 r 为真，

（2）P 在总体的同样比例 r 下不能被确认不是真的，也不能被确认不是假的，

（3）所以，P 在总体 M 中以同样的比例是真的。①

通过确定的概率的方式，上述推论的前提蕴涵其结论。这句话可以做些解释：（3）是概然的，就是指的这样一个事实，前提以确定的概率 c 蕴涵结论（3）。

通过提出公平样本的这一新解释，我们来阐述一个非常一般的标准，以确定归纳的适当前提，即在新解释下公平样本是做出概率式归纳结论的适当基础。它一般被任一有效的归纳所满足，因为任一真正有效的归纳都必须是这样的，即尽管其结论不能绝对地已知为真，但是也不能绝对地已知为假。

在这一点上，人们可能提出这样的问题，即在具体情况下如何判断样本是公平的。如果不知道一个样本是客观非典型的，那么说这个样本是公平的就并不必然有助于我们判断一个具体情况下的给定样本在这种新意义上是否是公平的，或者并不必然有助于我们为关于给定样本之公平性的决定辩护。当我们说一个具体样本是公平的时，我们必须给出具体理由。举例来说，给定一个白天鹅的样本，我们可以说这个样本是公平的，因为根据性质"白"，我们还是无法确认这个样本是客观非典型的。但是，还是可以合法地提出这样的质疑：（1）我们断言不知道样本中的天鹅是客观非典型的理由是什么？（2）样本的大小如何？我们如果希望澄清我们做出断定的具体理由，那么就必须适当地回答这些问题。因此，为了回答问题（1），我们说，我们根据自己从前人经验或测检中得到的关于总体的一般知识，用一种防止产生客观非典型样本的方法选择样本。② 这就是说，为我们的断定提供合适理由的是从前人经验中或者通过测验而得到的关于总体的一般知识，其并不给我们提供得出关于总体的错误结论的理由，并且关于反面我们一无所知，即我们的抽样方法绝不能使我们产生客观典型样本。对问题（2）的回答是，样本至少要包含一定数量的事例。

要弄清具体情况下断定样本的公平性的具体理由，我们需要考虑标准或规则。举例来说，为了确定具体情况下一个给定样本作为公平样本是否足够大，我们应该考虑下列标准：（1）某种具体情况下的样本应该至少包含某种数量的事例；（2）我们一般所知道的和关于具体情况下的相关总体我们所知道的，与这个样本不能被确认是客观非典型的事实并不矛盾。存在着类似的标准或规则，来判定各种具体情况下的公平样本。通过考

47

---

① 一个有趣的情况是，亨普尔（Hempel）对统计三段论的反对 [Cf., Hempel, "Inductive Inconsistencies", in *Synthese* 12（1960），pp. 439–469] 并不适用于这一形式的归纳推论。

② 现代数理统计学中所谓的"抽样技巧"，就是研究总体抽样的方式或方法，应用于关于总体类型的事实，产生客观典型样本或者至少避免产生非典型样本的设计方法，例如，我们可以将总体分成一系列子层和每一个子层的子样本，经过这样整理的样本都将更具典型性，而不是相反。

虑这些标准或规则,我们就可以确定类似具体情况下样本的公平性。根据这些考虑,事实上我们可以将46页的小前提(2)重述如下:

(2′) 根据相关标准或规则,我们知道给定样本是公平的。

这里,我们并不想详述如何制定或辩护具体情况下判定样本的公平性或不公平性的具体标准或规则。① 我们可以一般地表明,制定这些标准或规则和为其辩护必须依赖对具体归纳问题之本质的思考和我们期待具体有效的归纳结论所要达到的目的。制定这些标准或规则和为其辩护关系到不同种类的样本、不同种类的总体和不同种类的抽样方法。举例来说,为了得到一个可信赖的归纳结论,样本中包含的事例数量不应该被先验地确定,而必须根据具体的归纳问题来确定,以符合具体情况下样本大小的标准或规则所要达到的目的。

4. 皮尔士论预设

根据皮尔士的观点,做出有效归纳的第二个要求是预设,即归纳必须考虑预设特征和预设事例的数量。在归纳过程中,预设意味着:

> 如果在任何类(如 M)的抽样中,我们首先确定特征 P 就是我们所提议的样本类所具有的,而且我们也提议抽取多少事例,那么我们的推论就的确是在后者被抽取前做出的,总类中 P 的比例概然地与将被抽取到的事例相同,并且我们必须做的唯一事情就是抽取它们并观察比率。②

换句话说,对于归纳,我们必须规定前提的形式为"……M 以大小为 n 的样本是 P",可以得出的结论的形式为"……M 在总体中是 P",其中"……"表示 M 是 P 的比例。归纳进而成为了仅仅观察 P"……"所表示的 M 的比例的过程。

皮尔士关于预设对于归纳有效性之必要性的论证如下。假如我们没有预设特征 P 和数量 n 而做出推论,那么对皮尔士来说,我们总是可以找到一个特征,它只属于被考察的事例组而不属于被考察的事例组所来自的总体。在任一给定事物集合中,在理论上总是可能找到一个共同特征仅仅属于那个事物集合。在没有预设的情况下,我们的后设特征可能正好就是这样一个共同特征,而且通常如此。如果是这样,对作一个归纳结论来说,它就将不是一个适当基础。皮尔士提供下列事例来表明这一点。③ 惠勒(Wheeler)的《传记辞典》(*Biographical Dictionary*)中给出了前五个诗人的死亡年龄。他们是:阿

---

① 我在第十四章阐述刘易斯确定经验概括的合理可信性标准时认为,这些标准可以被转换为确定具体情况下样本之公平性的标准。我还将在某种程度上讨论关于这些标准的可接受性问题。

② *The Collected Papers of Charles Sanders Peirce*,2,p.737.

③ Cf.,ibid.,p.738.

加德 48 岁，阿贝尔 76 岁，阿布罗拉 84 岁，阿邦诺瓦斯 48 岁，阿可兹 45 岁。我们发现，这五个人的年龄具有下列共同特征：

（1）组成一个数的两个数字的差，除以 3 得余数 1；

（2）第一个数字增加到以第二个数字为指数的幂，进而除以 3，得余数 1；

（3）每个数的质因数之和（包括 1），都可被 3 整除。

大致说来，这些特征全都是后设的，即全都是我们查字典后才发现的。根据这个解释，皮尔士得出结论说，不存在最起码的理由相信，下一个诗人的年龄会具有这些特征。皮尔士还从科学史来抽样：关于元素的同素异形体的具体比重等于其原子量的根的加密算法假设；关于行星相对距离的"波德定律"。所有这些概括都是不可信赖的，而且不能迅速通过经验来检验，因为加密算法假设中"与某个特定原子量的根相等"的特征和"波德定律"中"与给定行星的某种距离"的特征都不是预设的，而大概都是事后比较发现的。

皮尔士的论证表明了两点。首先，他要求我们注意的事实是，我们总是能够通过目前收集到的一组事例发现共同具有的一些特征，而且既然没有任何理由说一个特征并不唯一地属于一个给定事例组，那么那个事例组就不能被作为归纳的样本来使用。其次，他表明人们根据观察一组事例就得出归纳结论是多么荒谬，这组事例的共同特征是在这组事例被给予我们之后才被观察到的，不是预设的，而是事后发现的。大概说来，他概括出的结论是，所有缺乏预设的归纳都是无效的，因而预设是归纳的必要条件，没有这个必要条件任何归纳都将是无效的。

现在，我要指出的是，皮尔士所表达的上述两点代表了关于预设对归纳之必要性的两种不同要求。第一点代表了结论的弱要求，即预设将使我们避免将我们在一个临时样本中观察到的特征随意地归于一个总体，但它又不能从这一点推导出来，因为所有缺乏预设的归纳因为那个理由都必将是无效的。第二点代表了结论的强要求，即预设是归纳有效性的必要条件。接下来，我将表明，皮尔士的强要求是不可接受的，因为它是错的，而皮尔士的弱要求是可接受的，但就像其所表示的，需要实证化和进一步具体化。在这样做之后，更加显然的是，预设是公平抽样原则的一个具体运用，因而不是独立于有效归纳的要求和上述公平抽样的要求。

5. 归纳有效性的预设相关性

首先来考虑强要求。预设是有效归纳的必要条件吗？完全没有预设但如果通过提供别的条件，我们也能进行有效归纳吗？假设我们已观察到，某特定数量的天鹅是白的，而且也确定了我们已观察的天鹅数量具有统计学意义，并且确认没有反例。那么，我们能够做出所有天鹅都是白的这种有效概括吗？回答是肯定的，因为没有理由认为通过统计归纳三段论所构造的归纳推论形式，一个具体的公平样本不能有效地导致一个归纳结论。如果这个推论的结论导致了一个错误的结论，那么我们就可以肯定地批评这个样本是不公平的，因为它不足够大，或者因为它被确认为有偏见，或者它不是被随机收集的。我们不会因为这个样本缺乏某种特征的预设而批评它，或者仅仅作了如此这般的观察而批评它。那么，一个有效的归纳在什么意义上必须依赖预设？而且，在什么意义上，当一个归纳为无效时，它就缺乏要受批评的预设性？

皮尔士所给的诗人年龄的例子，并不能说明预设对归纳之有效性的必要性。某类诗人的年龄似乎并没有这些数学特征的原因并非这些特征不是预设的，而是因为即使这些特征都是预设的，也可以设想，对于给定类型的所有诗人的年龄的结论都将不能成立。它们的确没有这些特征的原因是：（1）确定诗人名字的程序是随意的；（2）我们根据自己的背景知识有理由怀疑诗人名字和其年龄所具有的特征之间的任何必然联系。在加密算法假设和"波德定律"的情况中，它们都是不可信的，并不是因为它们缺乏所属种类的预设，而是因为根据确定所属种类的有效概括的适当标准，它们在事实上都是确定的，或者作为基础的样本都不是公平样本。完全可以设想的是，即使这里的特征都是预设的，但样本却是不公平的。因此，我们可以得出结论认为，预设并不是任何有效归纳的必要（并不是说既充分又必要）条件。①

不像强要求那样，皮尔士关于预设的要求的弱要求是一个正确的观点。首先，我们可以注意到，归纳结论可以为假，因为我们在一个样本中发现的特征可能不为整个类所具有，这是归纳推论最起码的真理。在归纳的范围内，一个归纳结论并非必然为真。但是，它可以为假与归纳有效并不矛盾。就给定样本为公平样本的情况来说，我们基于其上的归纳都是有效的，而且我们的结论是概然的或可信赖的。然而，我们不能证明，在一组事例中所发现的特征不一定仅仅属于那组事例。我们也不能证明，在一组事例中所发现的特征一定不值得进行归纳。为了做出一个有效的归纳，我们要反对不公平抽样，而且还要在某种情况下、某种意义下将预设作为归纳的必要条件，它是在这些情况下获取公平样本的方式之一。

要将预设解释为在某些情况下获取公平样本的一种重要方式，我们必须揭示预设所具有的一些性质。皮尔士提出了下列观点：

> 归纳法直接渗透出不满足于存在着的知识。必定指导归纳法的预设的根本性规则是一个归纳的有效性必须通过一个确定的质疑或至少一个审问来提高。这样的一个审问应该是什么？第一，是这样一种含义，即我们并不知道什么；第二，是知道它的一种愿望；第三，是发现真理的一种努力，这种努力暗含着劳作的意愿。如果

① 当然，除非我们将预设的要求陈述为：我们仅仅预设了公平样本是保真的。但如果这样来理解的话，那么预设的要求就被替代为公平抽样的要求了。

审问启发了你，那么你定会去考察事例；如果审问不能启发你，那么你就会在不经意间将它们放过。①

这里的意思就是说，预设不应该被理解为一个规则，我们根据这个规则来设置假设，进而在经验探究过程中为了获得有效的归纳知识而检验所设置的假设。与得出归纳结论相关的假设，其形式为"……M 在大小为 n 的样本中是 P"，其中空白处"……"是指 M 是 P 的比例，这可以根据对 M 的 n 个事例的观察来确定。这种形式的假设呈现出相关的特征，比如说 P，对我们的经验性研究来说，是总体的特征，或者是 M 的事例的特征。关于这一假设中的特征 P，我们可以设置方法来使我们从给定总体 M 中获得公平样本。通常当我们知道我们正在寻找的总体的特征的时候，我们就可以根据我们所知道的来设置方法以收集公平样本。

下列著名例子也许能够说明假设对收集公平样本是有用的。大家知道，要知道某个州有多少美国公民是亲共和党的，我们可以设置抽样方法，以免在该州的美国公民总体中收集到不公平样本。因此，我们可以从一个具有职业和地位分层的给定总体的部分中收集一个样本。我们如此做的理由是，我们知道"亲共和党"这个特征覆盖了各种职业和地位的公民，而且分层抽样可以使我们避免在特殊情况未被考虑的方式下抽取样本。假设我们没有预设"亲共和党"这个特征，并且我们只是偶然发现给定州的一个小城市中所有居民都是美国公民，都是"亲共和党的"，那么我们的结论——该州所有的美国人都是"亲共和党"的——就像已知不公平样本一样是不可信赖的。就一个特征如"亲共和党的"预设来说，可能导致我们为了收集公平样本而利用自己的背景知识，而且就这是做出一个可信赖结论的公认的相关程序来说，缺乏一个特征的预设可能要为无效的归纳负责，或者为得到一个不可信赖的归纳结论负责。

结论是，存在无效的归纳，因为我们没有有目的地按照设置好的标准来收集样本。但是，我们需要什么样的公平样本，我们需要什么样的标准或方法来判断公平样本，只有确定了我们的归纳问题是什么时才知道，即必须知道我们所要做的抽样的特征。这样说来，一个特征的预设对于确定归纳问题，对于根据我们所已知的和通过充分研究所发现的来解决归纳问题通常是至关重要的。在这个意义上，我们必须承认，预设即使不是确定从样本到总体的归纳有效性的必需品，它也关系到建构一个以充分的根据为假设的值得信赖的归纳结论，关系到建构一个值得信赖的法则。

---

① *The Collected Papers of Charles Sanders Peirce*, 5, p. 584.

第六章　概率与归纳有效性

1.　一般性评述

　　　我们已经看到，逻辑或拉普拉斯意义上的概率是必要的，事实上皮尔士关于归纳的概率式辩护中就预设了这种概率。在其他的地方，当皮尔士独立于他关于归纳的有效性论证来讨论概率时，他便不再接受逻辑意义上的概率，而是在经验意义上来解释概率，即归根到底概率仅由长期的经验发现来确定。这样看来，皮尔士实际上必定损害到他自己关于归纳的概率式辩护。我相信，在我全面考察皮尔士从 1878 年到 1903 年的作品中关于概率及概率与归纳有效性的关系的描述之后，上面所说的情况将会变得非常清楚。

　　　皮尔士关于概率的逻辑性的和经验性的观点都来自洛克的如下思想，即概率是对这样一个论证的刻画："大多数情况下，它携带真理。"① 因为皮尔士一般将概率定义为一类或一种推论中从真前提得出真结论的推论的比例。这就是为什么他说"概率是一种相关数，即概率是携带真理的一类的论证数与该类的总论证数的比率"②。

　　　在皮尔士关于概率的作品中，可以确定经验意义上的概率有两个密切相关的概念。
首先，概率是某种客观的东西，是归根到底由经验决定的东西，因而处在一种不确定的未来中；其次，概率是某种内在于某个事物的东西，如同内在于某个人的习惯一样，而且将由适当的条件来决定。下一节，我们将讨论概率的这两个经验性概念。然后，我们来考察皮尔士对拉普拉斯概率观点的反驳。

2.　皮尔士关于概率的两个经验性概念

　　　通过第一个概念，皮尔士将概率定义为长期经验探究过程中的相对频率。他说：

---

① John Locke, *An Essay Concerning Human Understanding*, Bk. I, Chap. XV, Sect. I, Quoted by Peirce, in *The Collected Papers of Charles Sanders Peirce*, 2, p. 649.

② *The Collected Papers of Charles Sanders Peirce*, 2, p. 657.

客观概率是长期经验探究过程中具有某种特征的事件数与事件总数之间的比率，其中某些实现条件通常不明确地得到陈述，但所有事件都被认为是可以实现的。①

概率是一种统计比率，进而为了满足更具体的条件，便利的做法是给出长期经验探究过程中具体类型的经验出现数与一般类型的经验出现数的统计比率。②

长期经验探究过程中的统计比率与经验性的相对频率无穷无尽的界限相同。可以方便地用下列数学符号将它来表示为：

$$\lim_{n \to \infty} \mathrm{fr}_n(\phi, \psi)$$

其中，$\mathrm{fr}_n(\phi, \psi)$ 表示 n 序列中出现某种特征 ϕ 的事件与某种别的特征 ψ 的事件的相对频率，$\lim_{n \to \infty}$ 表示这里的相对频率的界限，其中 n 趋向于无穷。③ 这个界限必须由概率在这里的事件实现的具体条件来决定。换句话说，它是在具体条件下的长期经验过程探究中被认识的某种实在的东西。

当我们说某种比率在"长期探究过程"中有某个值时，我们指的是分数值的无穷的概率界限，即仅仅是从 0 到 ∞ 的可能值，这个无穷的值将永远不会停止摆动，以至于你在这个无穷中无论选择什么地方，都将存在概率界限的上一个值和下一个值。但是，如果 V 是从 0 到 ∞ 中任何别的值而不是概率界限，那么在这个无穷中将存在某个地方，其所有值都将比 V 大，或者比 V 小。④

56

同样作为事件的推论，下面关于概率的描述与上面是吻合的。

归根到底，与概率观念相对应，存在一个真的事实，而且给定的推论模式有时证明是成功的，有时却并不成功，并且比率最终是固定的。当我们在给定推论后继续进行推论时，在前边的 10 种或 100 种情况中成功的比率可能显示出很大的涨落。但是，当我们涉及成千上万种情况时，这些涨落就会变得越来越小。而且，如果我们继续足够长地进行下去，那么这个比率将大致接近一个固定的界限。⑤

这种意义上的经验概率在以下两方面不同于拉普拉斯意义上的概率：（1）经验概率指的是关于事件"经验性出现"的收敛序列的唯一界限，而拉普拉斯概率指的是有利情况在所有（有利的和不利的）可能情况中的一个有穷比例；（2）经验概率将在无穷的未来或长期经验探究过程中被获得，而拉普拉斯概率可以根据已知比例来确定。当皮尔士断言

① *The Collected Papers of Charles Sanders Peirce*, 2, p. 785.
② *The Collected Papers of Charles Sanders Peirce*, 5, p. 21.
③ Cf., Ernest Nagel, *Principles of the Theory of Probability*, Chicago, 1939, pp. 21-22.
④ *The Collected Papers of Charles Sanders Peirce*, 2, p. 758.
⑤ Ibid., p. 650.

一个经验概率是预言实现某些条件的事件之总数时，他并没有明确这些条件是什么。指出如下这点似乎是适当的，即这些条件是确定经验概率为真的条件。显然，这些条件是：（1）存在一个将收敛于唯一界限的序列；（2）这个界限将在长期经验探究过程中被获得。

上述概率概念立刻就会遭到两个明显的批评：（1）在我们获得一个应该在长期经验探究过程中被最终固定的比率之前，我们不会知道一个经验概率。而且，一个假定的概率从未被可信地证实，因为关于证实这个概率存在一个未来不确定的经验探究过程。（2）因为一个经验概率指的是一个序列的唯一界限，所以关于如何确定一个序列界限的唯一性，我们还存在问题，即使我们获得了该序列的界限。因为这些理由，我们可以说，或者我们真的不知道这样一个概率，或者概率的所有断定都缺乏可信的根据。避免这个困难的办法就是要断言，经验意义上的概率总是不确定的，即概率或事件序列的界限不能在任何有穷间隔内被有限的经验相对频率来决定。皮尔士知道避免困难的办法，他说："这一长期探究过程，除了无穷无尽的过程什么都不是，而且即使说一个无穷'数'是正确的；而且，∞／∞（无穷除以无穷）自身必然没有确定的值。"① 但是，除了我们不能做出严格意义上的任何概率陈述之外，避免困难的这个办法不会得出任何结果。

皮尔士用来避免这个困难的另外一个办法是，将一个概率陈述作为一个统计法则来考虑，这必定在长期经验探究过程中得到证实，但人们只能通过归纳知道这一点，如果它完全能够为人们所知道的话。因此，断言正常掷骰子将显示一个被3整除的数的概率为1/3，这断定了一个统计法则的真理，即在长期经验探究过程中掷骰子掷出3或6的机会是总投掷数的1/3。这样的统计法则可以通过归纳来认识和确信。说这个概率陈述为一个统计法则就是说，即使这个投掷经过适当条件下无穷无尽的审视，这个概率陈述都会是真的。这就是皮尔士得出结论所考虑的观点，即概率就像内在于人的习惯，它是内在于物的习惯。所以，皮尔士说：

> 我是要将概率陈述的含义定义为，如果一个骰子从一个骰子盒中被投掷出去，那么它将呈现一个被3整除的数的可能性为1/3。该陈述的意思是，骰子有某种"将会"，而且断言，有一个"将会"的骰子要说的是，它具有一个特征，非常类似于一个人也许具有某种习惯。②

但骰子的这个"将会"并非表现为每次单一投掷或任何有穷数投掷的特征，就像一个人的习惯并不表现为他的单独行动。皮尔士继续说：

> 正像为了定义一个人的习惯，必须描述它会如何使得这个人表现并依赖什么样

---

① *The Collected Papers of Charles Sanders Peirce*，2，p. 662.
② Ibid.，p. 664.

的场合来表现——虽然这一陈述并不意味着这个习惯就表现为这个行动——因此，要定义这个骰子的"将会"，必须要断定它会如何使得该骰子在一个场合中来表现，即实现"将会"的所有结果，而且这一陈述本身并不意味着该骰子的"将会"就表现为这个行为。①

要描述一个概率或它的"将会"将如何使得骰子呈现，以便概率可以被用来描述我们可以在其下进行辩护的一般条件，即概率可以在长期经验探究过程中起作用。换句话说，概率所要表示的就是，我们如何知道概率在长期经验探究过程中得以实现。

但是，我们真的知道概率将会在长期经验探究过程中得以实现吗？断言概率将会在长期经验探究过程中得以实现而且我们可以在其下进行辩护的一般条件是什么？关于这，皮尔士没有提出任何观点。但是，显然，通过把一个概率陈述看作一个统计法则，它规定了某种比例必定可以在具有某种特征的情况下获得，我们除了通过归纳抽样外没有别的方法来确认概率。当我们已经观测到在长期的投掷过程中已经以1/3的比例投掷了3或6时，我们就可以确定我们知道这个骰子有概率1/3，或者1/3的比例必定会在这个骰子投掷的情况中获得。这就是通过"归纳抽样"知道比例的情况。

但是，根据归纳抽样，我们关于概率作为一个统计法则的结论也许无论如何也是不能证实的或证伪的。尽管存在这个问题，皮尔士还是认为："仅当序列为无穷的时候，我们才能确定它将有一个具体的特征。甚至当存在一个无穷的投掷序列时，也不存在三段论的必然性和'数学的'必然性，即骰子在每次单一的投掷中都将不会固执地呈现6。"② 但如果我们现在真的具有统计法则的必然知识，那么我们就必定可以断言具有这个法则的概然知识吗？更简单地说，我们必须考虑这样的陈述，即该骰子以1/3的概率标示投掷3和6，应该是一个无限期延伸的投掷过程，在有穷抽样确保一个归纳结论的条件下应该是概然的吗？皮尔士对这个问题的回答是否定的。概率不是对一个规律或任何个别推论或单一陈述的描述，因为在经验的意义或习惯的意义上来说：

> 概率这个概念必然属于一类可以无穷重复的推论。个别的推论必定或者真或者假，而且不能显示概率的效果。因而，在单一情况下来考虑概率是没有任何意义的。③

这的确是真的，因为在经验理论或"习惯"理论上，一个概率陈述或一个统计法则陈述都仅仅是考虑收敛于相对频率的唯一界限的事件序列才有意义。关于单一规律或单

---

① *The Collected Papers of Charles Sanders Peirce*, 2, p. 665.
② Ibid., p. 667.
③ Ibid., p. 652.

一陈述就会变得没有意义，这绝不能说是存在一个界限。即使我们知道统计法则依赖归纳，但统计法则并不因此在经验的意义上变成概然的，或者因为这件事，根据皮尔士的观点，在所有别的意义上都是概然的。但这个法则或统计陈述自身是一个概率式的陈述。因为皮尔士说：

> 一个归纳可以符合归纳的公式，但是它可以被设想或经常被设想为，归纳将一个概率借给了它的结论。既然不是方法使得归纳导致了真理，那么归纳也没有把概率借给它的结论。谈论一个法则的概率是没有意义的，只要我们可以从一个聚合物中拣出普遍性的东西，并且可以发现法则以什么样的比例能够成立。①

关于上述引文可以进行两点考察。首先，从这段文字来看，皮尔士显然是现代频率概率论的捍卫者，频率概率论为冯·米塞斯（von Mises）和赖辛巴赫（Reichenbach）所发展。② 按照现代频率概率论，概率属于具有唯一界限的事件"集合"或无穷序列。"集合"的概率是根据这个界限被定义的。既然谈论一个单一事件的界限是没有意义的，那么谈论"集合"中单一事件的概率也是没有意义的，除非通过它我们可以得到称之为"估价假设"的某种东西，而它又以给定事件总体中已知事件集合的相对频率为基础。

其次，"谈论一个法则的概率是没有意义的，只要我们可以从一个聚合物中拣出普遍性的东西，并且可以发现法则以什么样的比例能够成立"，根据这句话，皮尔士可以被看成拉普拉斯概率观点的反对者，与现代频率论者的观点类似。在此，我们引入皮尔士反对拉普拉斯概率概念的论证并考察它们，这应该是非常自然的。

3. 皮尔士对拉普拉斯概率定义的反驳与批评

60 拉普拉斯概率观点是，我们可以把概率归于单一事件或单一陈述或单一原则。皮尔士认为这种观点是"概念论"，与之比较，他称自己经验性的观点为"唯物论"。这里，拉普拉斯概率观点的这个特征必然会产生拉普拉斯观点式的偏见，而且被证明具有误导性。概率的"概念论"观点认为，概率的主观确定性取决于实际的或思想的信念度。但拉普拉斯概率观点是一种客观的观点，而且不会这样认为。相反，它事实上认为：（1）概率应该被解释为某种有穷认知或逻辑上可确定的比例。（2）信念度应该根据概率来确定。进而，根据这种观点，单一事件或单一陈述的概率应该被解释为在所有已知可能情况中对单一事件

① *The Collected Papers of Charles Sanders Peirce*, 2, p.780.
② Cf., Richard von Mises, *Probability, Statistics, and Truth*, New York, 1939; Hans Reichenbach, *The Theory of Probability*, Berkeley, 1949.

的有利情况的比例或者证实该单一陈述。

皮尔士有两大理由来反对拉普拉斯概率观点。首先，皮尔士主张，这个观点要求一个经验命题的概率必须根据该命题在其中为真的可能性或可能世界来决定。换句话说，拉普拉斯观点的捍卫者要求我们在确定概率的时候知道，对于单一归纳结论的任一指派，在事物的所有可能状态中有多少是符合的。他们进而必须假设，任何一个"世界的构成"都和别的世界的构成一样可能。如果是这样的话，单一事件或单一归纳结论就可以根据事件将会出现或者单一归纳结论将会为真的那些可能世界的比例来确定概率。但是，一个事件的出现或不出现不会影响它在将来出现的概率，而且过去单一归纳结论的相对真频率一点都不会影响它的概率。之所以如此，是因为世界（或可能世界）的有利构成数将总会保持同一，与所有给定可能世界或所有世界构成的事件出现的经验频率或单一命题的真频率无关。因此，皮尔士得出结论说："简言之，它将会假设大自然是独立要素的纯混沌的、偶然的组合，其中从一个事实到另一个事实的推理将会是不可能的……它将会假设，如果我们在过去发现了大自然多少有些规律的秩序，那么我们这种纯粹运气的期待现在已经结束了。"[1]

皮尔士反对拉普拉斯概率观点的第二个理由是众所周知的，即拉普拉斯概率观点是从完全无知到知的一个论证。皮尔士指出：

> 设想我们总体上对土星上居民头发的颜色是完全无知的。因而，我们可以制作彩色图，其中所有可能的颜色都可以在不知不觉中相互覆盖。在这样一个彩色图中，不同类型颜色所占的区域完全是随意的。让我们用一条封闭的线条将这样的区域围起来，并且问根据概念论原则土星上居民头发的颜色隶属于该区域的概率是多少，答案是不确定的，因为我们必定处于某种信念的状态中；而且，事实上，概念论者并不承认未确定的概率。因为在这个事情上没有必然性，所以答案就处于 0 与 1 之间。由于数值没有提供数据，所以必须通过概率规模本身的性质而不是数据的演算来确定这个数。因此，答案仅仅可以是一半，因为这个判断既没有支持也没有违背这个假设。这个区域的真就是任一别的区域的真，它等价于其他三分之二区域所拥有的三分之一区域的真。但是，每个更小区域的概率都是一半，那么更大区域的概率就至少是 1，这显然是荒谬的。[2]

换句话说，皮尔士的反对是：（1）在缺乏经验证据的情况下，为了支持或反对一个假说而进行的任何指派概率的假设都是没有根据的。（2）对于同样问题（quasitum）的不相容概率的确定，可以通过对只代表一种逻辑划分的方案指派同一概率而得到。

如前所述，我们已经考察，一个具体的公平样本应该是可以通过参考如样本大小

---

[1] *The Collected Papers of Charles Sanders Peirce*, 2, p. 684.

[2] Ibid., p. 679.

或抽样程序等具体的经验性背景的具体标准或规则来加以列举的。类似地，在拉普拉斯意义上定义概率，并不意味着要把概率归于一个事件或没有经验基础的单一归纳结论。事实上，当我们把这个意义上的概率归于一个统计演绎的结论或一个归纳的结论时，我们确实是根据前面的实际公平样本即真正意义上可被确定为公平的实际样本来理解的。

62

事实上，刘易斯认为，我们总是可以发现经验证据来确定真正意义上的概率。如他所说："在任一有意义的经验性问题的情况下，彻底忽视所有相关经验事实完全是虚构的。"① 就是说，如果我们对由以判断概率的经验数据一无所知，那么我们将不能判断概率，因为"不存在完全缺乏经验数据的概率问题，这些经验数据直接或间接地标示着过去经验的频率"②。因此，为了确定土星上居民头发颜色的概率，我们总是找到一些经验证据来做出概率判断，例如，就像刘易斯所指出的，我们知道在所设想的土星上的生物和我们所熟悉的生物之间进行更进一层的类比：这隐含着他们都是"居民"和都有头发。进而我们就可以将概率指派给与通过所掌握相关经验数据所表明的相对频率一致的情况。当然，在这样做的时候，我们将需要某种概率原则，通过它可以从给定的经验数据推出给定情况的概率，否则求助经验数据就没有什么用处。③ 因为存在经验数据，所以根据它们就可以建构关于土星上人们头发颜色的结论的概率，与某种概率原则相一致，我们的概率不是随意确定的，而且不是仅仅由先验的证据来确定的，无论我们的结论如何不值得信赖。在没有任何相关证据的情况下，将两种不相容概率归于单一事件或单一归纳结论是荒谬的，这种荒谬性将是不存在的。

现在的概率与拉普拉斯概率原则一致，我们根据相关经验数据所明确的相对频率将之归于单一事件或单一归纳结论的概率，概率是有利情况在所有（有利的和不利的）情况中的比例，相反的情况全然无知。因为我们不能知道作为在无穷未来中获得的事件的某种相对频率的概率，即在长期经验探究过程中的一系列相对频率的界限，因此，采用（根据有穷比例总是可知的）拉普拉斯意义上的概率应该是合理的。事实上，刘易斯所理解的概率确认明显依赖我们的知识，虽然从经验数据来看，存在一个对单一事件或单一归纳结论的有利情况的比例（相反的情况全然无知）。

63

皮尔士在质疑拉普拉斯概率观点（要求根据可能性或可能世界的比例来确定概率）时没有注意到：（1）他所谓的"可能世界"不过是给定归纳情况中的可能情况；（2）作为可能性的比例的概率被归于一个命题或单一事件，仅仅是根据与概率原则相一致的经验证据，就像从公平样本到总体的统计推论的证明；（3）概率陈述与其经验证据的概率关系是一种逻辑关系，也与从公平样本到总体的统计推论的证明一样。诸如我们从给定归纳问题

① C. I. Lewis, *An Analysis of Knowledge and Valuation*, p. 308.
② Ibid., p. 309.
③ 这一点要到第十四章才能弄清楚。

的经验中所知道的经验证据可能是充足的，也可能是不充足的。当它不充足时，我们将在拉普拉斯意义上的概率归于单一归纳结论时就不能进行辩护。但这并不会产生关于根据充分经验证据将拉普拉斯意义上的概率归于单一归纳结论的有效性（或合法性）的问题。

记住皮尔士的概率概念，我们可以断言，皮尔士通常不能认识假设和其证据之间的一般的概率关系。假设可能是一个单一归纳结论或一个统计法则。我们所能做出的一个概然假设，来自我们所已知的经验证据的支持。卡尔纳普（Carnap）称这种概率为概率$_1$或确证度，以区别于所谓的概率$_2$或经验意义上的概率。① 概率$_1$不需要根据"集合"的某种界限来建立，但必须根据充足经验证据来定义、明确和阐述。它可以被归于一个假设或一个单一经验陈述。在概率$_1$和概率$_2$之间的这个区别的基础上，我们可以说，拉普拉斯概率定义是一个概率$_1$的定义，因而它能够通过充足经验证据被归于单一归纳结论。在皮尔士关于从公平样本到总体的概然推论的有效性的论证中，概然推论通向一个关于归纳的概率式辩护，从中我们看到，获得或展现公平样本是将拉普拉斯意义上的概率归于一个归纳结论的良好经验证据。

即使皮尔士试图表明概率必须表示一个真正的事实或一个统计事实，但为了确定或表达与经验证据相关的经验意义上的或习惯意义上的概率知识的有效性，他不能不承认拉普拉斯意义上的概率的相关性。假设我们单独从一个袋中抓豆并看一看它们，每抓一次然后放回，并且抓之后整个混合好。我们抓取 1 000 次之后，如果大约半数都是白的，那么根据皮尔士的看法，我们就可以大致放心地使我们自己赌在长期抓取中每次抓取的都是白的；若我们仅仅抓取了两次而不是抓取了 1 000 次，这种自信就完全是一种奢望。对此，皮尔士得出结论说："要表达我们信念的真正状态，不是一条而是必须满足两条，一是依赖推论出的概率，二是依赖概率基于其上的大量知识。"② 换句话说，抓白豆的概率可以从已知的 1 000 次抓取中有一半是白豆推论出来，但是概率的保证或质量却依赖我们的相关知识和抓取的数量。如果我们有足够量的相关抓取，即如果有一个公平抽样，那么我们就能定义逻辑意义上的概率和经验意义上的概率。逻辑意义上的概率必须表达和说明已知公平抽样问题中经验概率评价的可信度关系。

通过明确否定能够被归于单一归纳结论的逻辑或拉普拉斯意义上的概率，皮尔士实际上破坏了他关于归纳的概率式辩护，而且自然得出结论："因此，追踪一个综合结论的任何概率都存在明显的不可能性。"③ 这表明了皮尔士归纳理论的不一致性，或者皮尔士两种可以分别对待的归纳理论之间的不相容性，当然，皮尔士自己并没有认识到这种不相容性。

① Cf. Rudolf Carnap, *Logical Foundations of Probability*, Chicago, 1950, pp. 23-36.
② *The Collected Papers of Charles Sanders Peirce*, 2, p. 678.
③ Ibid., p. 681.

第七章　关于归纳的非概率式辩护*

1.　一般性评述

65　　如果一个概率在拉普拉斯意义上或在经验意义上或在习惯的意义上都不应该被归于一个归纳结论，那么我们根据什么理由可以说这个归纳是有效的呢？换句话说，既然在任何意义上谈论一个单一归纳推论或其结论的概率都是没有意义的，那么我们该如何来设想归纳辩护问题并且解释归纳的有效性呢？皮尔士在其题为《有效性》（Validity）［见鲍德温（Baldwin）：《哲学和心理学词典》（*Dictionary of Philosophy and Psycology*）］的文章中，用下列语句解释了论证的有效性：

> 每一个论证或推论都承认一种一般性的推理方法或推理类型，这样的方法之所以成立是因为它具有某种产生真理的功能。为了使论证或推论有效，必须真正实行它需要实行的方法，因而这样的方法必须具有它应该具有的产生真理的性质。①

如果归纳结论没有任何概率这一点得到了证明，那么归纳辩护问题就是把概率归于其结论的问题。但是，既然论证或推论的有效是在于其与产生真理的方法相一致，那么归纳辩护问题就是关于确定归纳是否与这样一种方法而不是概然演绎原则相一致的问题，或者仅仅是关于归纳法是否是这样一种方法的问题。因此，根据皮尔士的说法，如果归纳
66　完全有效，那么其有效性事实上必定在于，"它寻求一种方法，如果充分地坚持它，根据事物的性质，必定在长期经验探究过程中无限接近真理"②。

---

　　* 本章的主要部分曾经以《查尔斯·皮尔士关于归纳的非概率有效性的论证》（Charles Peirce's Arguments for the Non-probabilistic Validity of Induction）为题，于 1966 年 12 月 28 日在费城举行的查尔斯·桑德斯·皮尔士学会年会上发表。

　　① *The Collected Papers of Charles Sanders Peirce*，2，p. 780.

　　② Ibid.，p. 781.

但是，归纳在长期经验探究过程中是如何导致真理的？皮尔士的回答是，归纳是一种自我修正的方法，如果我们坚持应用该方法来得出结论，那么它就可以暂时指引我们。所以，皮尔士说：

> 归纳之有效性的真正保证是，它是一种得出结论的方法，即如果它被坚持足够长的时间，它将确定地修正任何关于未来经验中可能暂时导致的错误。[1]
>
> 作为一种必定在长期经验探究过程中使我们得出真，并对实际结论进行渐进修正的方法，归纳获得了辩护。[2]
>
> 我们也必定不会失去归纳自修正过程的一贯倾向。这是它的本质。这是其令人惊奇的地方。它的结论的概率仅仅在于如下事实：如果它所寻求的比率的真值没有达到，那么归纳过程的范围将导致更紧密的近似。[3]

这一思想关涉接近真理的过程中归纳结论的渐进修正，皮尔士曾经暗示过。他甚至将概然演绎的有效性和归纳的有效性进行比较：

> 概然演绎论证是有效的，如果这种论证（来自真前提）的结论恰好在长期经验探究过程中将会是真的，其为真的比例等于这个论证指派给其结论的概率，因为这全都是假设的……归纳的有效性完全不同，因为它并没有断定实际上在任何给定情况下得到的结论将会被证明在大多数情况下为真，而这样一种方法恰恰是得出结论的方法。但是，它所断定的是，在大多数情况下，该方法将会导致某种为真的结论，而且在另外的单个情况下，如果结论中存在任何错误，那么只需要持续应用该方法就可以修正这种错误。[4]

该方法就是公平抽样的方法。按照皮尔士对这一方法的解释，这一方法将在长期经验探究过程中一视同仁地呈现出总体的任一事例。既然某种规模的大多数样本的构成都将类似于总体，那么根据大数逻辑法则，如果每个样本都可以被再次抽取，则基于多数样本所得出的一个样本肯定会存在一个关于总体构成的真结论。但是，我们现在所关心的是皮尔士的另外一个观点：这里所说的方法也是下面的方法，即给定结论中的任何错误都将得到修正，因此关于抽样过程中总体构成的结论也将在长期经验探究过程中接近真理。既然归纳寻求的是这样一种方法，那么显然皮尔士必须坚持它的有效性。在这个意义上，归纳（甚至被认为是一种概然推论的归纳）的有效性不在于根据其具体意义下的公平样本而得出结论的概率推论，而在于寻求公平抽样的方法，这种方法将揭示长期经验探究过程中总体之真的、客观的构成。归纳的"概率"进而成为了仅仅表示归纳由

67

---

① *The Collected Papers of Charles Sanders Peirce*, 2, p. 769.

② Ibid., p. 777.

③ Ibid., p. 729.

④ Ibid., p. 781.

以得出结论的一种方法。

关于归纳的非概率式辩护（这种方式的归纳辩护不是把归纳看成类似统计推论那样的逻辑上有效的概然推论）存在两个重要问题。第一个问题是关于什么意义上的归纳可以被说成自修正的，以及归纳的自修正过程将如何导致真理的问题。第二个问题是关于皮尔士的真概念，以及它如何影响归纳法的有效性的问题。

2. 归纳法的自修正性

因为皮尔士在他的著作中没有阐明归纳的自修正过程意味着什么，我这里斗胆来澄清这个概念，以便明确归纳的自修正过程将如何使我们在长期经验探究过程中导致真。粗略地说，归纳是自修正的，如果它的结论在抽样过程中被别的结论修正。更明确地说，一个归纳结论会修正另一个归纳结论，如果我们拒斥一个而赞成另一个，因为第一个结论所基于的样本大于第二个结论所基于的样本。但是，在这个意义上谈论归纳的自修正性质，我们必须提出如下要求：对于任意给定的结论 A 和 B，如果 B 修正 A，那么 A 必须不能被已知为真，而 B 必须不能被已知为假。因为如果 A 被已知为真，那么我们就无法说它被修正；反过来，如果 B 被已知为假，那么我们就不能说一个假的结论会修正另一个结论。因此，我们得出了一个确定归纳法之自修正性的标准：在抽样过程中，任意两个结论都应该以这种方式被关联起来，即第一个结论不能被已知为真，然而第二个结论不能被已知为假而且第一个结论所依据的样本包含第二个结论所依据的样本。①

这里，在这两种不同的情况中，归纳法被认为是上述意义上抽样的自修正过程。我们可以区别两种不同的情况。在第一种情况中，抽样过程是不可终止的。"不可终止的"意思是指，没有一个确定的客观标准来决定抽样过程什么时候停止，即没有客观标准能够决定在有穷抽样后得出真。在第二种情况中，抽样过程是有穷可终止的。这意味着我们有一个在有穷步内证实真的给定标准。

第一种情况可以被理解为通过有放回的抽样确定总体的客观构成，即抽样之后把抽出的样本放回总体重复抽取。在这种情况中，就像我们在第五章第 2 节已指出的那样，有穷抽样将无法确定我们已经考察过的总体中同样大小的所有样本。因而，我们就无法在有穷过程中确定总体的客观构成，有穷抽取样本也无法保证得出的结论最终接近真结论，或者说某个结论被发现一定为真。通过有放回的抽样，我们意图发现其构成的有穷样本总体成为了一种实际上的无穷抽样。说归纳法在这种情况中是自修正的并不是说，

---

① 注意两点：首先，如果样本不是被已知为假，而且样本大小是合适的，那么这个样本就是公平样本，基于这个公平样本的结论就是有效的；其次，如果一个新的样本包含原来的公平样本，并且也是公平的，那么原来的样本就不再是公平的。

我们一定会接近一个真结论，也不是说我们将必然地得到一个真结论。我们最多只能说，如果总体有任何确定的构成，那么这个构成最终能够通过长期抽样的自修正过程被发现。然而，我们不能从这个过程的自修正性得出结论说：通过任意有穷抽样过程就可以确认总体的客观构成。

现在，让我们来比较一下不可终止的抽样过程和有穷可终止的抽样过程。对前者来说，基于有穷抽样的总体构成不能被必然地断定为真，而对后者来说，关于客观的总体构成的真结论将在一个有穷抽样过程后得到。归纳的有穷可终止抽样过程可以通过没有替换的有穷总体抽样来实现，即抽样之后不能把抽出的样本放回总体中重复抽取。因此，给定一个有穷总体，通过有穷抽样，我们就可以穷尽总体的内容，并必然地断定总体的客观构成。我们的抽样过程是我们的结论将接近真结论的过程，如果到目前为止做出每一个结论都基于抽样的相关证据的话。这就是说，抽样的自修正过程在一个有穷抽样过程后将得到一个真结论，即根据某种已知的标准（例如，我们已经考察过的有穷过程的所有总体范围的标准）为真。

从上述比较中可以清楚地看出，归纳的自修正性没有告诉我们任何有关真的东西，如它如何被确定，或者它通过什么标准被确定。这样，确定真的标准就必须独立于归纳的自修正性的特征化来给定，因为它是有穷可终止的抽样过程。同样可以清楚地看出，在不可终止的抽样过程情况中，由于没有给定确定真的标准，我们必须阐述可信性标准，以便根据已知发现与抽样过程中的某一点相符合来判断真。除非阐述了这些标准，否则我们就不能得到任何关于不可终止过程中真的确定结论。这一点就是，即使该过程在长期经验探究过程中必定得出真的意义上是有效的，我们仍然不能确定没有某种标准我们就可以得出结论为真。因此，如果归纳在皮尔士的意义上完全有效的话，那么他关于归纳通过自修正过程必然导致真的论断就必须预设在实践中确定真的某种标准。

3. 真的定义标准与归纳辩护

我们来考察与皮尔士关于归纳的非概率式辩护相关的第二个问题——真的定义。皮尔士通过下列语句表述了他关于真的一般定义：

> 我们所谓的真是指某种最终必定被所有的研究者所赞成的主张。同时，在这个主张中所表征的对象就是实在。①

因为真必须要求所有科学研究者最终同意，所以在这个意义上来说真的确是一种主体间的确认。但根据皮尔士的观点，真应该是客观的，因为真必须符合所有科学研究，必须与科学研究的最终结果相符合。皮尔士说：

① *The Collected Papers of Charles Sanders Peirce*, 5, p.407.

就不断的研究将有助于带来科学的信念而言，真是抽象命题与理想对象的一致性……凯撒越过了卢比孔河这个命题的真在于，随着考古和其他研究工作的展开，这个结论将不断地得到加强——如果始终进行这方面的研究的话，情况也终将如此。①

仅当我们发现越来越多考古的和相关的证据来支持"凯撒越过卢比孔河"这个命题时，它真才得到确立。这些证据必须确定是研究工作中的客观发现。而且，"凯撒越过卢比孔河"这个命题的真的相关支持必须得到从事这项研究的科学家的同意。因此，我们可以一般地说，真仅仅是被用来表达科学信仰并且最终由所有科学家同意的命题描述。说 P 真是指：（1）虽然 P 不可能得到最终的验证，但 P 总是依据经验发现而得到主体间的认可和共同确证；（2）P 的真是最终科学发现的理想对象。

作为最终科学发现的理想对象，命题 P 的真必须与实在相对应。这样，皮尔士将真与研究过程中的实在等同起来。我们可以比较上述引证和下列表述：

71

实在是我们最终能得到的信息和推论，它因此独立于我和你之外。因此，实在概念的由来表明了这个概念本质上包含共同体的观念，没有确定的限制，而且有明确的知识的增长。②

这里的"共同体"是指希望去发现实在并且确证他们所发现的科学研究者的团体。这就是为什么皮尔士说实在概念中包含共同体的意思，即实在是以一个科学研究者共同体的探究结果的形式被获得的。在某种程度上我们可以说，实在是科学发现的最终结果，实在与真在表达科学发现的最终的理想对象层面上是相同的，不依赖个体和主体的观点。

结合皮尔士关于实在或真概念的上述解释，我们可以为归纳辩护，即归纳能够通过自修正过程在长期经验探究过程中导致真或发现实在。但明显的是，真或实在都不能等同于科学研究中任何已知的归纳结论。进而就会出现我们是否可以确定上述意义上的真或实在这样的问题。由于我们只有进行了长期的研究之后才能确定真或实在，所以我们在任一有限的研究阶段都不能确定归纳研究的有效性或任一归纳结论的真。不能确切地知道我们最终必定得到的真或实在，类似地，也就无法知道归纳最终会是有效的。我们的确可以同意皮尔士的观点，在他看来，我们只能根据已知的相关证据得到暂时的和经验的结论③：暂时的是指，归纳结论根据进一步的相关经验证据是可修正的；经验的是指，归纳结论与经验相关而且受到经验的限制。但这一论断并没有给出任何充足的理由证明我们可以做出有效的认知判断，也不足以说明为什么归纳结论必然为真。因此，在这一点上，我们可以发现，皮尔士无法说明为什么根据他提出来的关于归纳的非概率式

---

① *The Collected Papers of Charles Sanders Peirce*, 5, p. 565.

② Ibid., p. 311.

③ Cf., *The Collected Papers of Charles Sanders Peirce*, 6, p. 40.

辩护我们就应该相信归纳，因为他在确定真和理想对象时就已经将归纳的有效性确定为一个理想对象，并且为之辩护。

根据上述论证，如果我们确实能通过归纳而发现实在，那一定是由于某种特殊的条件才能将归纳结论看作发现实在的方法，而不是因为归纳法本身。 72

根据皮尔士的观点，要解决有穷研究过程中确定真的困难，就要把真看作科学研究的结果，这个结果是一个科学研究者共同体在某一时间 t_1 都同意的。但是，这种观点存在两个问题：首先，即使在科学中，科学研究者的观点也并不全都一致；相反，关于特定的科学理论，非常频繁的不同意见都会出现在著名科学家中间，比如关于量子力学的解释。其次，在时间 t_2，科学研究者共同体可能不同意在时间 t_1 时支持的结论，因为进一步的探求和研究可以形成不同的观点。这就说明把时间 t_1 时科学家同意的理论作为确定真的标准真是太不稳固了，以至于不能确保有穷研究过程中真的客观性。

一个在有穷探究过程中如何确定真的更好的建议是这样的：真应该是科学研究者共同体得出的一种结果，它要符合充分证实了的标准。所谓"充分证实了的标准"就是指这样一些标准：科学研究者都应该认为它们对在根据实用主义利益来预言和指导行动的过程中确定归纳结论是必不可少的。它们对解释确定与之相应的经验和科学信念的合理性也是必不可少的。不想进行详细的考虑，我这里仅仅指出，这些充分证实了的标准是与公平抽样和诸如简单性、可理解性等实用主义考虑相关联的一般性标准。除此之外，应该以这样的方式来阐述充分证实了的标准，即它们与我们的合理性或合理可信赖的观点相反，认为归纳是合理不可信赖的，但是这将导致承认充分证实了的标准的结论。如果可确定真与这些充分证实了的标准相符合，则在适当的经验情况下，并且在有穷可实现的归纳探究过程中，归纳都应该是合理可信赖的。这就是皮尔士关于归纳的非概率式辩护应该得到的阐述或解释。

在这一点上，我们也许需要考虑：这种具有自修正性的假定加确证的方法如何成为一种被充分定义的归纳法，为了得到真，它如何必须预设一个确定其结论为真的充分证实了的标准体系？皮尔士称这种假定加确证的方法为"定性归纳"，它由建立一个关于实在性的假说和从假说进行推演组成，于是，我们就可以通过证实或证伪预言来证实或证伪假说。"假说（或定性归纳）的首要规则是，其结论应该使得确定的结果能够通过一种观察的检验被充分地推演出来。"① 73

从一个给定的假说 H，我们推演各种预言 C_1，C_2，C_3，…，C_n。进而将所有这些预言放在相关条件下进行经验检验。如果我们发现所有这些预言都是真的，那么我们就可以得出结论说假说 H 在值得信赖的意义下为真，因为它得到了充分的证实。如果某种预

① *The Collected Papers of Charles Sanders Peirce*, 2, p.786.

言 C,被发现为假或者被证伪，那么我们就必须拒斥该假说 H，因为这种预言 C,是从中推演出来的。或者我们必须约定 H 是排除了 C,这种预言之后的有效范围中的预言。换句话说，H 将仅仅确保真的预言 C_1、C_2、C_3、…、C_{r-1}、C_{r+1}、…、C_n 而排斥 C,这样的预言。另外，如果我们因为 C,这种预言被证伪而拒斥 H，那么我们就可以提出一个新的假说 H′，使得所有从假说 H 得到的已被确认证实的或可证实的预言都将是从新的假说 H′ 中推演出来的，而所有从假说 H 得到的已被确认证伪或可证伪的预言都不是从 H′ 中推演出来的。说定性归纳是自修正的意味着，或者一个已知假说被一个新的假说所取代，或者该已知假说的范围根据给定假说的已知证实或证伪的事例是可修正的或可限定的。因此，我们要有一个更好证实和更值得信赖的假说。一般地，按照相关充分证实了的标准，定性归纳的自修正性应该在于评价给定假说的值得信赖性的过程。

74　　　　最后，显然，为了使得已知假说能够被建立起来显示真，必须预设一个标准体系来定义充分证实了的和在归纳过程中修正归纳的结论。当皮尔士说，根据证据我们可以决定"该假说是否应该被认为是已被证明了的，或者即将被证明，或者值得进一步注意，或者根据新的经验和从开始归纳考察的情况必须得到明确的修正，或者虽然不真但也许呈现出某种类似真，并且这些归纳结果能够帮助我们提出更好的假说"① 时，他就预设了这样一个标准体系。

4. 关于归纳的一般有效性之必然性的其他论证

　　　　与基于归纳将导致科学研究中的真这种归纳辩护不同，皮尔士基于非概率的理由提出了归纳的一般有效性的三种支持论证，假定了归纳过程将最终导致发现实在，如果这种实在确实存在的话。前两个论证在于证明，我们不能先验地设想或者经验地证明存在一个世界，其中齐一性、规律或秩序都不能被发现或者不会被发现。皮尔士做出这些论证的观点是，就像可设想我们的世界总存在某种齐一性那样，应该说归纳至少在我们的世界将导致真这个意义上是值得信赖的，如果它在任何世界都将导致真的话。皮尔士的第三个论证是以一种不同的方式进行的。他认为归纳自身就能够确保规律性（或齐一性）将会以某种方式被确立（或被确认）。

　　　　让我们从皮尔士的第一个论证开始，即我们不能先验地设想一个机会世界，或一个在其中归纳是不可能的（或者没有归纳结论为真的）世界。在他《自然的秩序》这篇论文中，皮尔士将一个机会世界定义为一个没有齐一性或没有合法的规律性的世界。他认为，不可能设想这样一个世界，因此这样一个世界绝不会存在。这个论证通过考虑皮尔士关于齐一性或合法的规律性就可以被清楚地做出来。

---

① *The Collected Papers of Charles Sanders Peirce*, 2, p. 759.

皮尔士以一个非常一般的方式来定义合法的规律性或齐一性。根据皮尔士的观点，合法的规律性或齐一性就在于宇宙中特征的某种组合的不出现。他说： 　75

> 所有自然的齐一性或规律都可以用"每个 A 都是 B"这种形成来陈述。就像每条光线都是非弯曲的线，每个物体都向地心加速冲去，等等。这等于说，"不存在任何不是 B 的 A"；不存在非弯曲的光线；不存在不向地心加速冲去的物体。因此，在这种情况下，齐一性就在于自然中特征的某种组合的不出现，即是 A 而不是 B 的组合。①

根据齐一性或规律的这一自我说明性定义，显然，如果白痴的特征在具有一个充分发达的大脑的特征组合中从未被发现，那么就可以得出结论认为，每个白痴都有一个不发达的大脑，这就是齐一性或规律。

这里的一个机会世界，依据皮尔士的说法，是不存在上述意义上的齐一性的世界。这就是说，在一个机会世界中，非逻辑可能的特征组合被排除了。因此，与上述事例相关，一个具有充分发达的大脑的白痴的组合是逻辑可能的，因而根据定义，一个具有充分发达的大脑的白痴在一个机会世界中应该是存在的。既然非逻辑可能的特征组合应该被从机会世界中排除，那么任何组合都会在某个对象中存在或者被某个事例说明。事实上，皮尔士要求每个这样的组合都应该存在于一个并且仅仅存在于一个事例中，因为没有两个不同的对象应该被认为具有同样的组合。因此，皮尔士将一个机会世界定义为包含或肯定或否定的每一个逻辑可能的组合，其中每一个已知的特征都会正好属于一个事物。举例来说，已知 5 种初始特征 A，B，C，D，E，和它们的否定 a，b，c，d，e。应该存在一个对象具有特征 A，B，C，D，E，存在一个对象具有特征 A，B，C，D 和 e，如此类推，以至包括所有的组合。既然我们有 5 种特征和这些特征的 5 种否定，那么对每 5 种特征来说就具体存在 2^5 或 32 种不同的组合，所以我们就应该在机会世界中具有 32 个对象，我们就应该举例说明这 32 种组合。这里的不同组合展示如下：

ABCDE	ABcDE	AbCDE	AbcDE	aBCDE	ABcDE	abCDE	abcDE
ABCDe	ABcDE	Abcde	Abcde	aBCDe	aBcDe	abCDe	abcDe
ABCdE	ABcdE	AbCdE	AbcdE	aBCde	aBcdE	abCdE	abcdE
ABCde	ABcde	AbCde	Abcde	aBCde	aBcde	abCde	abcde②

根据皮尔士的说法，这样一个机会世界在这个意义上应该是一个完全简单秩序的世界，　76
因为每个可设想的事物都可以在其中被等频率地发现。从这里出发，皮尔士着手讨论包含矛盾的机会世界概念。

---

① *The Collected Papers of Charles Sanders Peirce*, 6, p. 341.
② 这里的表达与皮尔士最初的表达不同的地方是：皮尔士的表达由 8 排 4 栏组成，我的表达则由 4 行 8 栏组成。（Cf.，ibid.）

根据上述定义，一个机会世界是已知特征的每一种逻辑可能的组合都正好有一个事例。在上例中，一个具有 5 种初始特征及其否定特征的机会世界具有 2^5 或 32 个对象或事例。这里皮尔士发现，具有这 32 个对象或事例的机会世界应该包含或简单或复杂的 3^5 或 243 种特征。[①] 但他也注意到存在这样一个逻辑原则，根据机会世界概念的要求，已知的 32 个对象或事例的特征应该是 2^{32} 或 4 294 976 296，而不是 243。这个原则说的是，对于任何两个或更多的事例，我们总可以发现一些它们所独有而不属于别的事物的特征。例如，对于任意两个事物 A 和 B，它们共同具有而别的事物不具有的特征就是皮尔士所称的"$\neg(\neg A \wedge \neg B)$"，即 A 和 B 的否定的合取的否定。因此，对机会世界中已知的 32 个事物来说，存在 2^{32} 或 4 294 976 296 个必定具有其独有特征的事物的可能的组合。皮尔士得出结论说："这表明矛盾是包含在机会世界中的非常概念，对具有这 32 个事物的世界来说，并不是像我们看到的机会世界概念所要求的那样，仅仅存在 3^5 或 243 种特征，而是事实上会存在不少于 2^{32} 或 4 294 976 296 种特征，它们并不全都独立，而是相互之间具有所有的可能关系。"[②] 显然，2^{32} 所表达的数量与 3^5 所表达的数量是不一致的。

77　　既然我们不能设想不包含矛盾的机会世界，那么毋庸置疑我们也不能将我们的世界设想为一个机会世界，或者其中囊括了特征的每一种逻辑可能的组合的世界。换句话说，不能将齐一性设想为漏掉了我们的世界。作为一个非机会世界，我们的世界必定有某些齐一性。我们来回顾一下皮尔士说过的话，即归纳将在长期经验探究过程中导致真或发现实在。因为齐一性是我们世界中的实在，所以它们在归纳过程中将是可发现的或可断定的。从这里能够自然地得出的结论就是，归纳在下述意义上是可信赖的或有效的，即如果归纳将导致发现任何世界中的齐一性，那么它将导致发现我们世界中的齐一性，因为我们的世界存在要发现的齐一性。如我已指出的，这是皮尔士关于为什么不可能设想一个与归纳的非概率式辩护相关的机会世界的先验论证的主要观点。

　　从批判性的观点来看，我们首先可以发现，在皮尔士关于设想一个机会世界的不可能性的先验论证中，这种可能性必须被限定以至于我们可以在皮尔士的意义上将齐一性和非齐一性区别开来。但我们可以提出这样的问题，即是否机会世界（在其中，可能性不受限制）概念真的不包含逻辑矛盾。我们可以把皮尔士的论证概括为下列命题：

---

　　① 这个 3^5 是以下列情况为基础来计算的。给定 5 种特征及其否定特征，如果我们每次选择 5 种相容的特征，则存在 32 个逻辑可能的组合。如果每次选择 4 种相容特征，则存在 80 个逻辑可能的组合。如果每次选择 3 种相容性质，则存在 80 个逻辑可能的组合。如果每次选择 2 种相容特征，则存在 40 个逻辑可能的组合。最后，如果每次选择 1 种特征，则显然存在 10 个逻辑可能的组合，即已知的肯定特征和否定特征的数量。这些逻辑可能的组合的总数是 242，这可以等同于已知的 32 个对象和事例。皮尔士进而将"非存在"作为一种特征，而且将这种特征加到 242 种特征上得到 243，记为 3^5。这是我对皮尔士如何推出 243 这个数的解释。在现存有关皮尔士的文献中没有发现别的解释。

　　② *The Collected Papers of Charles Sanders Peirce*, 6, p. 345.

（1）一个机会世界就是在其中已知特征及其否定特征的每一个逻辑可能的组合都不被排除。

（2）对于一个具有 5 种已知特征及其否定特征的机会世界，我们拥有 32 个事物或事例中的 3^5 个逻辑可能的组合。

（3）但对于同样的世界，我们必须有 2^{32} 种特征，其根据 32 个事例的组合产生出来。

事实上皮尔士的断定中存在矛盾，即具有 5 种特征及其否定特征的机会世界先是被发现限于 3^5 或 243 个逻辑可能的组合，之后又被发现不限于这个数的逻辑可能的组合，因为与 5 种初始特征及其否定特征的逻辑可能的组合相对应的更多特征能够从事例中产生出来。但是，这真的是一个逻辑矛盾吗？我们从某种已知事例产生更多的特征真的就包含了矛盾？要避免这里所设想的矛盾，我们可以断言，具有 5 种初始特征及其否定特征的机会世界只能通过上述论证中的命题（2）来定义，不能通过命题（3）来定义。尽管具有 5 种初始特征及其否定特征的机会世界不能通过命题（3）来定义，但是我们仍然可以承认，相应于已知的 5 种特征及其否定特征的逻辑可能的组合，更多的特征就能够产生。一般地，我们仅仅需要把一个机会世界看作产生于具体指定的特征及其否定特征的所有逻辑可能的组合，而不是看作产生于与某种具体指定的特征及其否定特征的某些或所有逻辑可能的组合相对应的所有逻辑可能的组合事例。因为如果情况属于后者，那么任何两种特征就会有无穷数量的逻辑可能的组合。在上述事例中，我们不仅会有 $2^{2^5} = 2^{32}$ 个逻辑可能的组合，而且会有 $2^{2^{32}}$ 个逻辑可能的组合，如此等等，以至于无穷。简单地说，这个乘法性质的抽象运算不必被包含在机会世界的定义中，尽管它作为运算并不必然会使我们导致矛盾。

让我们来举例说明这一论证。给定两个初始特征，即绿色的和甜的。我们可以有一个包含 4 个事物的机会世界，即第一个事物是绿色的但不是甜的，第二个事物是甜的但不是绿色的，第三个事物既是绿色的又是甜的，第四个事物既不是绿色的也不是甜的。运用同样的原理，根据从 5 种初始特征及其否定特征构造 3^5 种特征，我们就可以为包含 4 个事物的机会世界构成 3^2 或 9 种特征。但是，我们不必得到这个机会世界的一个延伸，它是由诸如这样的特征组成的，即或者绿而不甜或者甜而不绿。我们排除这个延伸，因为它对于我们关于包含 4 个事物的机会世界的定义来说是无意义的或不相干的。

根据上述批评，显然皮尔士事实上不能先验地为机会世界确立一个不一致性。根据这一点我们可以说，我们的世界不存在齐一性，而且归纳不能导致发现任何齐一性。尽管我们进行了这些批评，然而，我们的世界事实上是不是一个机会世界还是一个悬而未决的问题。我们可以问，我们是否有任何充分的条件假设我们的世界事实上不存在齐一性。因为上述各种先验论证都不能决定我们的世界是否存在齐一性，所以我们也可以试图根据别的证据建立我们的世界存在齐一性这样的假设。

在这一点上，我们可以转向皮尔士关于一个世界（在其中，不能发现齐一性或规律）之存在的经验不可证明性的论证。皮尔士在他的长篇论文《逻辑规律有效性的理由：四种不能的进一步结果》（Grounds of Validity of Laws of Logic：Further Consequences of Four Incapacities，1868）中对这个论证进行了如下阐述：如果我们作了经验性的研究，那么必定存在某种归纳探究对象——如果不存在某种已知描述的实在，那么必定存在某种我们可以在研究中发现的其他描述的实在。在经验性背景下，无物存在和归纳一般无效都不是可能的。让我们来想象一个世界，在这个世界中，我们不通过归纳来学习，而且归纳结论必定总是为假。根据皮尔士的观点，使得这个世界成为可能的就是存在一个一般规则，使得当人们作一个归纳时，经验中所揭示的事物的秩序将会经历一次彻底变化。但是，为了断定这样一个规则的实在性，我们必须通过归纳来发现这个规则。就这个规则作为上述意义上所定义的宇宙规律来说，如果它也要被归纳来发现，那么它就不会存在。这样，关于一个已经建立的法则之无效性的第二个法则就会被发现，如此等等，以至于无穷。因此，如果存在任何一般的规则，那么最终它会被我们发现。所以，我们不能通过发现规则来从归纳学习的假说是荒谬的。该假说的荒谬性就在于以下事实：如果关于我们世界之不实在性和无规律性的断定是真的，那么该断定就预设了归纳至少在其能够发现或断定非实在性和无规律性的意义上是有效的。

上述论证具有如下悖谬性：在陈述我们从经验中学习我们不能从经验中学习的东西时，我们实际上就承认了反面的论证：我们不能从经验中学习。一旦没有归纳，我们就没有理由假设我们的世界将经历一次彻底变化。如果根据我们的归纳探究设想所能够导致的实在，而且根据我们将来的经验所知道的进行修正或修改，那么我们就没有任何理由来假设当我们进行归纳时，一个魔鬼在玩反归纳的游戏来反对我们。在这个意义上，归纳是根据经验背景来确定实在的工具。显然，我们能够根据经验来确定任何东西的非存在这一命题就包含了一个矛盾。

80　　上述论证是皮尔士试图将归纳的一般有效性确立为发现我们世界中齐一性或规律的方法。但是，这一论证确立了这样的归纳有效性吗？显然，它仅仅得出了这样的结论，即我们不能通过归纳来证明我们世界的非实在性或无规律性，即我们没有充足的经验证据来假设"没有经验概括为真"这个命题的真。从这个结论，我们仅仅可以认为我们的世界存在某种齐一性，而且归纳可以导致这一发现。从上述结论并不能得出某种齐一性已经被归纳发现或者某种齐一性将在进行归纳的某个阶段被发现。因此，皮尔士关于我们世界任何齐一性的非存在的经验不可证明性论证似乎并没有把归纳的有效性确立为已经发现或者必然能够发现我们世界中实在的方法。

皮尔士将归纳有效性确立为发现实在方法的最后论证是，证明归纳的可能性如何根据有限的经验来表明我们世界中齐一性的存在。该论证的有效性限于，它不试图确立我们的世界存在要通过归纳来发现或导致的某种齐一性，而是将自身限制为这样一个假说，即归纳实际上在经验中所发现的必须被理解为对实在的刻画或确定实在的标准。

在这一论证中，皮尔士认为，被观察的有限经验的一般特征可归因于长期经验探究过程中的所有经验，而且这个一般特征是应该在抽样过程中被确定为实在的东西。这是因为实在必须具有某种特征，而且这种特征必须根据有穷经验序列中所揭示的东西来设想，因为这是设想实在是什么的方式。① 在这个意义上，我们关于实在的知识的有效性就来自从样本到总体或从部分到整体的论证的有效性。在这个步骤上，对皮尔士来说将其关于归纳的概率式辩护作为从公平样本到总体的概然推论来谈应该是相当自然的。但是，皮尔士在其有关经验概率论和关于归纳的非概率式辩护的作品中实际上抛弃了关于归纳的概率式辩护，他在这里并没有看到根据样本和总体之间的概率联系来阐述从样本到总体之论证的有效性的相关性。相反，他认为这一论证的有效性依赖根据在有限经验基础上得到的一般命题来确认整体或实在的必然性。他并没有对这种必然性进行解释。也许可以通过以下事实来加以解释，即对确认实在来说我们并没有更好的或别的方法。

这一论证是否真的将归纳的有效性确立为发现实在的方法，我到下一章再加以评论。发现这一论证具有好的结果，即做出真的归纳结论不需要预设，对我们来说应该是适宜的。换句话说，如果为了对归纳进行辩护，我们根据已知经验来确定实在，并且仅仅根据已知经验来谈论实在，那么我们就不需要假设"不论未来像过去一样，或者类似的条件产生类似的结果，或者自然的齐一性，或者任何这样的原则"②。

皮尔士在最后引述的这段话中所表达的观点是，我们只需要用在有限经验中发现的东西作为确定实在的标准，而且我们不必假设任何超出归纳所提供的可能证明的东西。因此，他解释道："所有被设想、被假设的事实都必须或者最终使得它自身呈现于经验中，或者不能。如果它将呈现自身，那么我们就不必在暂时的推论中假设它。既然我们最终将给予它作为前提的资格。但是，如果它永远都不会在经验中呈现它自身，那么我们的结论对这个事实的可能性来说就是有效的，否则就是假设，即它经历尽可能多的经验才有效，而且这就是我们所主张的一切。"③ 换句话说，为归纳辩护没有必要预设事实，因为在归纳过程中将发现任何实在的东西或者什么东西都没有发现，所以我们没有假设任何东西的存在这一事实并不影响归纳的有效性。于是，归纳的有效性仅仅在于如下事实：在长期经验探究过程中所发现的是我们推论出实在的前提或证据；或者同理，在有穷经验中所发现的是确定实在的标准。正是由于这样的信念，皮尔士抛弃

---

① Cf. , *The Collected Papers of Charles Sanders Peirce*, 2, p. 784; *The Collected Papers of Charles Sanders Peirce*, 5, p. 170.

② *The Collected Papers of Charles Sanders Peirce*, 2, p. 102.

③ *The Collected Papers of Charles Sanders Peirce*, 6, p. 41.

了密尔的自然齐一原则，因为它对归纳的有效性来说既模糊又没有必要，而且皮尔士的结论是：

> 归纳不需要这样一种靠不住的支持，因为它在数学上肯定了，如果任何东西在长期经验探究过程中都为真的话，那么有限经验的一般特征就像长期的经验一样，近似于在长期经验探究过程中将会为真的特征。如果所有归纳推论都是无限延长的，那么在通常的经验过程中其都将会被发现为真。既然归纳法一般必须接近真理，那么对该方法的应用来说它就是一个充分的辩护，尽管没有明确的概率支持这个归纳结论。①

---

① *The Collected Papers of Charles Sanders Peirce*, 6, p. 100.

第八章　对皮尔士关于归纳的非概率式辩护的评述

皮尔士关于归纳的非概率式辩护，作为发现实在的一种方法，可以被概括为三个重要的方面。第一，归纳是一种自修正方法。第二，我们的世界存在着归纳法要发现的齐一性。第三，归纳的可能性确保我们知道世界的齐一性。皮尔士在其一般论证中所做出的第一个观点是因为归纳法的可信赖。他在论证中所做出的第二个观点是因为设想一个机会世界的先验不可能性和我们世界任何齐一性的非存在的经验不可证明性。最后，他在论证中所做出的第三个观点是为了根据有限经验来确认实在。

我已经评论过，皮尔士的一般论证——归纳是可信赖的，因为它是一种达到真的自修正过程——是没有用的。我也指出过，皮尔士关于设想一个机会世界的先验不可能性的论证不是一个有效的论证，而且他关于我们世界任何齐一性的非存在的经验不可证明性的论证，并不蕴涵我们世界的某种齐一性是通过归纳可确认的或将被确认的或必定被确认的。这后面的批评具有这样的结果，即如果归纳的有效性依赖我们世界中某种未知的或通过归纳可知的齐一性的存在，那么皮尔士的论证就不是要确立归纳的有效性。然而，我并没有详细阐述这个结果。我也没有提出皮尔士关于经验不可证明性的论证是否具有任何其他意义的问题，即使它并没有因为归纳的可信赖而提供任何理由。最后，我没有考察皮尔士关于根据有穷经验来知道实在的论证的说服力。下面我将着手依次处理这些问题。

在我看来，皮尔士并没有给出任何先验的理由来说明，为什么不能将我们的世界设想为一个机会世界或一个在其中没有齐一性或规律呈现的世界。事实上，我们所做出的每一个经验概括都为假，无物存在，这些都是可设想的。如果事实上无物存在，那么无论我们进行的归纳过程如何长，我们都将永远不能得出结论说我们得出了一个真结论。为了断言归纳绝不是发现实在的有效的或可信赖的方法，可以证明不存在我们要发现的实在。就像不能给出先验的论证来证明我们的世界必定是一个机会世界，或者是一个在其中不存在齐一性或规律的世界，尽管我们的世界是一个机会世界是可以设想的，我们的世界不是一个机会世界也应该是可以设想的，那么我们的问题就是，归纳将是否是有效的或可信赖的，即承认我们世界的某种齐一性。这就是说，承认皮尔士关于设想机会世界的先验不可能性的论证是一个有效论证，那么它提供了任何理由来解释为什么归纳必定是有效的或可信赖的吗？可以肯定的是，如果我们的世界存在某种齐一性，并且如果我们通过归纳知道这种齐一性，那么归纳就应该被认为是有效的。但是，我们并不能进行这样的辩护。理由就是，在一个归纳过程中，即使我们可以在某一点得出真结论，但我们仍然不会知道它的确为真。换句话说，承认存在实在，我们并不就知道该实在必定在归纳过程中被发现。因此，正是我们世界某种齐一性的存在没有确保我们通过归纳知道或将会知道任何具体的齐一性。因为存在这一事实，所以我们世界的某种齐一性之存在的假设并不确保归纳作为一种发现实在的方法的有效性。因此，皮尔士关于设想一个机会世界的不可能性的论证，即使它是有效的，也将不会确立归纳的有效性。从这一点来看，显然包含在确认真或发现实在中的一个根本问题就是定义真或实在，以便我们根据其是否能够发现实在来确定归纳作为一种发现实在的方法是否可信赖。

关于皮尔士对我们世界的齐一性之非存在的经验不可证明性的论证，我们可以断言它从根本上是一个关于归纳法之一致性的有效论证，因为它表明我们不能通过归纳来证明归纳无效。尽管事实上这并不构成归纳可信赖的理由，但我们仍然可以追问它是否有

85 意义。这里为了我们的目的，我们可以指出该论证的一个特殊意义。这就是说，没有一个怀疑归纳有效性的人能够在拒斥归纳时保持一致。事实上，当一个怀疑论者断定所有经验概括都是错的或不可信赖时，他并不能给出任何理由来确信其观点。根据皮尔士关于我们世界的所有齐一性之非存在的经验不可证明性的论证，我们可以在形式上证明怀疑论观点的不一致性。

我们来思考下列三段论：

> 所有经验概括都是假的（或归纳一般不可信赖），
>
> 所有经验概括都是假的（或归纳一般不可信赖）是一个经验概括，
>
> 因此，所有经验概括都是假的（或归纳一般不可信赖）是假的（或一般不可信赖）。

这显然自相矛盾，因为结论断定了怀疑论者自身断定的无效性。怀疑论者的确可以这样来辩护，即断言他并不要求在某个时刻 t_1 做出的所有经验概括都是假的，并且他自己的断定是在 t_1 之后的某个时刻 t_2 做出的。通过这一方式，他自身命题的真就应该与所有在 t_1 做出的经验概括的假相一致。但我们想知道的是，这是否给怀疑论者的观点添加了任何力量。实际上，就怀疑论者承认他在时刻 t_2 做出的概括可信的情况来说，皮尔士的一般论点——我们的世界存在某种（至少一种）齐一性（怀疑论者自己所宣称的齐一性）——是得到证明了的。这里所涉及的论证应该说明，为怀疑论者观点的有效性辩护要难于根据经验背景为归纳有效性辩护。

根据上述考虑，似乎可以自然地认为，即使我们没有办法来断言归纳法必定发现实在或我们的世界必然存在某种齐一性，但相信归纳的有效性比相信其无效性应该更为合理。而且，如果说归纳会产生对我们来说合理的结论，那么情况就更应该如此。

关于皮尔士在其最后的论证中将归纳辩护为一种发现实在的方法，值得注意的是，皮尔士在他的论证中试图根据归纳发现来确立实在的知识。但是，为了避免琐碎，我们应该注意到的问题不是仅仅根据任何归纳结论来定义真，或者仅仅根据一些我们碰巧遭遇到的有限经验来定义真。因为在这样的情况下，我们总能提出为何关于实在的知识都必定可信赖的问题。要展示归纳可信赖的理由，我们需要指出存在接受归纳结论为真的充分证据。我们已经认为，我们必须以这样一种方式来阐述关于归纳结论的充分证实了的标准，即归纳结论在有穷过程中能够满足它们。当某个归纳结论满足这些标准时，它将被认为是真的或可信赖的。这些充分证实了的标准是归纳过程中归纳结论成真的条件，而且它们是被用来符合合理性和实用主义用途的一般性要求。当皮尔士认为我们根据有穷经验来确认实在的时候，他并不是说任何有穷经验都将产生一个真的归纳结论。因为如果是这样一种情况，那么归纳将达成真这一命题将不是重言的。因此，说仅仅根据作为公平样本来实现的有穷经验就可以做出真的归纳结论，这是适当的。在提出这个看法时，我已经注意到了皮尔士关于归纳的概率式辩护。但是，我们没有说来自经验的一个公平样本做出了一个相关的归纳概然结论，我们说的是一个公平样本使得它为真。在这个意义上，占有公平样本是充分证实一个归纳结论的标准。通过这个标准，我们将发现一个归纳结论是否可合理接受。这一公平样本原则对于确立归纳结论或假说的充分证实了的真的相关性，必定意味着皮尔士关于归纳的非概率式辩护与其关于归纳的概率式辩护并不矛盾。进而，它是后者的一个补充，因为它们都指出了根据我们从有穷经验所知道的东西来定义真或定义归纳的有效性的问题。

要进一步阐释根据公平样本来定义实在的一般有效性，也许我们应该进一步寻求的是，类似于确立一个简单的经验概括那样，如何根据公平样本确立一个假说。我们的确可以指出如何定义一个假说的公平样本，或者对一个假说来说构成一个公平样本的是什么。这样，我们就可以谈论关于与公平样本相关的实在性的假说的有效性。关于假说，比如说："气体的体积在通常气压下与温度成正比例"。从这里可以推测出各种各样的预言，如："一定量的氧气的体积在通常气压下与温度成正比例""确定数量的氢气的体积在通常气压下与温度成正比例"等。现在就这些气体构成了全体气体的公平样本而言，关于已知气体的预言就构成了关于全体气体预言的公平样本。如果所有已知的预言都是可证实的，那么我们就可以根据给定的已知可证实的预言，认为存在一个高概率，即（包括已知预言和未知预言的）所有预言都是可证实的。就我们已有的理由而言，如果有关我们假说的（包括已知预言和未知预言的）所有预言都是可证实的，那么我们就有

86

87

理由断定，该假说自身就是可证实的。这个理由就是由从已知假说推导出来的公平样本预言所提供的，对此，我们可以说，公平样本预言代表了从已知假说推导出来的所有可能的预言。当然，每一种已知预言都可以是这种假说的公平样本预言。这样，从一个假说推导出来的关于预言的公平样本就可以被更简洁地描述为：从已知假说推导出来的、关于各种各样预言的公平样本的公平样本。

第九章　刘易斯的归纳理论问题

我关于皮尔士归纳理论的研究表明，皮尔士对归纳做出了两个辩护，即概率式的辩护和非概率式的辩护。通过归纳的概率式辩护，归纳被证明是一种具有逻辑推导原则并得出概率性结论的有效推论。关于归纳的这一辩护，用皮尔士自己的话来说，正如我们所看到的那样，是不充分的。但是，我提出了一种办法，通过它皮尔士的论证可以得到改进。我们可以从归纳的概率式辩护得出两点结论。首先，我们可以说，在前提（确保给定构成比率的公平样本存在）和（从前提得出来的）结论之间总是存在着一种逻辑的和先验可确定的关系。我们可以将这一关系表达为，归纳结论以某种概率从其前提按照逻辑推导原则得出来。正是在这里构成了归纳推论的有效性。换句话说，归纳推论的有效性在于其结论与其前提之间的概率关系。

从皮尔士关于归纳的概率式辩护可得出的第二个结论是这样的：确保给定构成比率的公平样本存在的前提必须确保从中推导出来的归纳结论是可接受的或可信赖的。因为这个事实，归纳的有效性不仅在于前提对于结论的概率关系，而且在于它从前提产生了一个可信的或合理可信的结论。我们可以说，一个归纳结论是合理可信的，因为确保给定构成比率的公平样本存在的前提是真的，而且概率推论是逻辑上可确保的。前提以及前提和结论之间的概率关系是结论合理可信或可接受的充足理由。

关于非概率式辩护，皮尔士表明，归纳是一种可信赖的方法，通过它我们可以从已知前提推出未知结论。该归纳法是可信赖的，不是因为任何单一的归纳结论在任一具体意义上都是概然的，而是因为通过归纳法的探求是自修正的，而且最终必定导致真。我已进行过说明，归纳法产生真理的本质的确是归纳可信赖的理由。但是，我也解释过，皮尔士不能解释归纳法是或必定是真的。我先是指出，归纳的自修正性并没有确保归纳必定导致真。然后，我指出，事实上皮尔士的一般论证得出了如下结论：或者我们不知道归纳是可信赖的，因为我们不知道真；或者通过首先假设归纳的有效性我们知道真。关于归纳的可信赖，皮尔士还有一些别的论证。但这些论证全都没有确立归纳发现必定是实在的或必定存在着归纳发现。

　　尽管皮尔士的论证是不充分的，然而我已指出，皮尔士关于归纳的非概率式论证总体上具有下列价值：确定归纳有效性的标准应该是确定实在知识的标准，反之亦然。但问题是：用什么样的标准来确定归纳的有效性，而且如何来阐述它们？我已经表明，它们就是充分证实了的标准，应该以与我们合理性概念相反的方式来阐述它们，就是说归纳法不是可信赖的，但它在一个有穷可切实感到的过程中得出了满足这些标准的结论。为归纳或归纳法辩护进而在于，事实上归纳或归纳法会得出满足这些充分证实了的标准的结论。当归纳结论满足了这些充分证实了的标准时，它们就是关于实在的知识。关于如何分析合理性概念和应该如何准确阐释充分证实了的标准，我留下了悬而未决的问题。

　　对皮尔士关于归纳有效性的论证和实在概念的细致考察向我们展示了，我们离开归纳就不能谈论知道实在，而且除了我们能够希望通过归纳来发现的实在，不应该存在其

90

他实在。换句话说，当我断言我们知道 P 时，P 是一个经验概括或一个关于实在性质的假设，在某种重要的意义上意味着 P 是通过归纳被断定为真的。而且，当我们断言 P 为真时，在某种重要的意义上意味着我们除了通过归纳法没有任何别的办法来断定 P 的真。事实上，按照皮尔士的说法，归纳有效性、实在的知识和实在之间存在着下列关系：

　　（1）归纳是可信赖的，当且仅当我们知道某个归纳结论为真。

　　（2）我们知道某个归纳结论为真，当且仅当归纳过程中存在某个归纳结论。

　　（3）归纳过程中存在某个归纳结论，当且仅当有物存在。

根据上述（1）、（2）和（3）之间的密切关系，皮尔士关于归纳法有效性的非概率式论证变成了：如果有物存在，那么归纳法就是可信赖的。他又补充道，我们不能设想无物存在，而且想要通过逻辑论证来证明这一点，他事实上已经基于先验证据来试图证明归纳法的有效性。

　　上述关于皮尔士归纳理论研究的这些结果，在相当大的范围内涉及其概率式的和非概率式的考虑。在 C. I. 刘易斯那里，这些考虑则是以反驳休谟式的怀疑论和他自己的实在论及实在知识的另外一种性质来展现与得到的。事实上，皮尔士对归纳的处理和刘易斯对经验概括的处理存在着相当高的类似度，我们应该将刘易斯的归纳理论和皮尔士的归纳理论一并来进行辩护研究。接下来就是澄清这一辩护。

　　刘易斯认为，经验概括仅仅构成概然的而非必然的实在知识，因而，它们与它们的前提是一种逻辑的或先验可确定的概率关系。这些观点肯定符合皮尔士关于归纳的概率式辩护。但逻辑意义上的概率，如我们已指出的，在皮尔士关于归纳的概率式辩护的论证中仅仅是被预设的，但在刘易斯关于归纳有效性的论证中则是明确要求的。刘易斯进而主张，我们关于实在的知识依赖归纳的可能性，因为归纳在我们试图解释事物存在和归纳存在时是不能被摒弃的。这一观点又是可与皮尔士的观点相比较的，因为皮尔士

91

（在其关于归纳的非概率式辩护中）认为，归纳是获取实在知识的唯一方法，而且不应

当被先验地简单处理为不可信赖的。然而，应该指出的是，刘易斯比起皮尔士来更多地以其实在论和实在知识以及对经验概括之本质的分析，解释了归纳对于我们关于实在的知识的必然性。

在承认真的归纳结论是确定我们关于实在的知识的唯一标准或将之等同于我们关于实在的知识这一点上，刘易斯应该是同意皮尔士的。但是，刘易斯进一步指出：（1）归纳的有效性与探究实在知识过程中经验的概念解释的有效性相同；（2）归纳一般导致更成功的预言，而不是为归纳的可信赖提供理由。刘易斯所做出的这后一个关于归纳的实用辩护，有别于前一个关于归纳和经验概括的"先验分析式"辩护，通过这个辩护，他认为归纳和经验概括一般都是有效的，因为指导我们关于实在的知识可能性的原则在充分的意义上是"先验分析的"或必然真的，在后续的讨论中我们将对之进行说明。

与皮尔士归纳理论的情况一样，通过刘易斯的归纳理论，我将谈到刘易斯所发展的一个观念体系，如归纳作为一个推论如何有效，归纳作为一种方法（经验概括可归因于合理可信性），对于探求我们关于实在的知识为何是必不可少的。这个观念体系被包含在刘易斯两部著名的著作中，即《心灵与世界秩序》和《对知识和评价的分析》。刘易斯关于归纳一般如何有效的论题是，如果归纳不是有效的，那么我们将不会有关于实在的知识，而且无物存在。这是他在前一本书中阐释的，并且他在后一本书中也进行了极大程度的预设。① 关于刘易斯归纳理论的解释，对我来说自然地就首先集中在刘易斯前一本书中关于怀疑论论题的反驳，因为不存在物质事实的必然联系，归纳和经验概括都一般必定无效而且逻辑不可信。

刘易斯表明，怀疑论的论题是难以基于经验知识的理论分析而得到证实的。他又表明，归纳在其必定导致实在知识的意义上一定是有效的，而且应该存在真的归纳结论，除非无物存在。因此，为了反驳怀疑论观点和解释归纳的有效性，我进行了这一基于经验知识的理论分析，我假设在刘易斯的归纳理论中应该存在一个卓越的问题，这个问题在刘易斯的著作《心灵与世界秩序》中得到了重要的考虑。

我们发现，刘易斯在其早期著作中是根据确保归纳有效性的一般原则来思考归纳辩护问题的，但是我们也发现在其后期著作《对知识和评价的分析》中，他是根据确定归纳结论与其前提之间的逻辑概率关系的标准来思考归纳辩护问题的。事实上，在这两种思考之间存在一种必然的关系。刘易斯已经回答了这个问题，即归纳对确定我们关于实在的知识为何是必不可少的，通过断言不存在别的方式来确认我们关于实在的知识，而且是通过概然命题所表达的这个意义上的实在知识，而不是通过我们可以必然把握的命题。他必定会自然地寻求，如何根据概率来表达这个意义上的经验知识之合理性或逻辑

92

---

① 当然，刘易斯的早期著作是否像其晚期著作一样在知识的本质上持有同样的观点，这还是一个问题。即使刘易斯的早期著作中并不持有其晚期著作中的观点，我也一视同仁地处理刘易斯的归纳理论，这一理论限于刘易斯在《心灵与世界秩序》一书中的部分观点，而且也限于其在《对知识和评价的分析》一书中的部分观点。

可信性，而且当把概率作为一种关于经验知识之合理可信性的解释时，应该如何来说明它。然而，刘易斯在他早期著作中很少提到这一点，而且仅仅在其后来的著作中他才真的得到了关于这一问题观点的清晰命题。

在其《对知识和评价的分析》中，刘易斯主张，经验概括的可信性是由基于其来断定经验概括的数据或证据决定的，依据这种数据或证据标准，可做出适宜的判断。他指出，在基于给定数据 P 可信的意义上说 P（这里的"P"是一个经验概括）是概然的，不能用命题的概率就是一种经验频率的方式来解释这一说法，而必须在逻辑意义上来理解，在这个意义上我们可以说，在结论或概括与其数据之间存在一种逻辑的或先验可确定的概率关系。我们将会看到，刘易斯的观点是无可争议的，即使他没有清晰而严格地阐述他关于归纳结论及其数据之间的逻辑的和先验可确定的概率关系的概念。在这一点上，我将表明，皮尔士关于归纳的概率式辩护可以被用来解释和澄清刘易斯的这一重要概念，这个概念的重要性不仅在于其对刘易斯关于归纳推论之有效性的解释是至关重要的，而且在于其对刘易斯所承认的归纳推论之有效性的任一明白易懂的解释都是至关重要的。

第十章 归纳与实在知识分析

1. 一般性评述

休谟和跟随他的怀疑论者们断言，既然事实陈述中不存在必然联系，那么我们的经 94
验概括就是无效的，而且我们没有相信它们的合理基础。既然我们关于规律和实在的经
验知识一般基于经验概括来呈现，那么一个休谟式的怀疑论者就应该对经验规律和我们
关于实在的经验知识的有效性表示怀疑。

这里，休谟式的怀疑论者在其反对经验概括的有效性的论证中做出了两个假设。首
先，他假设，观念的必然联系总体上缺乏经验知识的实在性，而且这就是坚持经验知识
没有合理基础的充分理由。其次，他假设经验知识的部分合理基础必须在于这样一种必
然性，即我们可以从已知数据或事例来进行经验概括，正如我们在演绎推论中可以从其
前提必然地推出结论。

为了驳斥休谟或休谟式的怀疑论者，刘易斯进行了大量相反的论证来表明：上述第
一个假设为假，而且第二个假设也没有证明经验概括或归纳的无效性。关于事实陈述中
不存在必然联系的论证，刘易斯说休谟式的怀疑论者没有注意到"观念的必然联系涉及
给定经验的解释，因而为实在所预先决定"①。按照刘易斯的观点，观念的必然联系就是 95
由逻辑规律所确定的概念与关于概念含义的决定之间的关系。

关于经验概括为真不存在必然性的断定，刘易斯指出，这并不影响经验概括的有效
性，因为"仅仅要求被确保的是作为概然判断的经验知识的有效性"②。就是说，经验
概括并非必然为真这个事实，并不是坚持我们没有相信经验概括的合理基础的理由。

接下来，我要根据刘易斯的做法来分析观念的必然联系在于解释给定经验。在下一

---

① C. I. Lewis, *Mind and the World-Order*, New York, 1956, p. 312.

② Ibid. , p. 323.

章，我将以分析刘易斯的观点为背景来阐述归纳辩护问题。我将讨论刘易斯是如何试图以实在论和相关的知识论为框架来为归纳辩护的。在评论这一点之后，我将在本书的其余部分讨论经验概括的概率性和刘易斯概率论中作为概然判断的经验知识的有效性。

2. 经验知识和"先验"概念

根据刘易斯的观点，存在两个根本特征，它们把阐述实在知识的经验陈述和不阐述实在知识的经验陈述区别开来。第一个特征在于，事实上前一种经验陈述是可证实的，或换句话说，是将来的经验可预测的，进而总是能够被经验观察所证实。第二个特征在于，事实上它们具有一个强大的对手，即"错误"，而且并不必然为真；就是说，无论它们被感觉经验证实多少次，它们总是有可能被证伪，并因此根据新的经验而可修改。通过实在知识的第一个特征，我们可以说，想要给予我们实在知识的陈述必须是可投射的，即它能够产生我们可以在客观上证实或证伪的预言。通过经验知识的第二个特征，我们可以说，想要给予我们实在知识的陈述必须是可取消的，即当其产生的具体预言或一系列预言失败时，它能够被驳斥或被抛弃。

在初步理解经验知识之后，我们就可以来探究刘易斯是如何解释其结构和有效性的。首先，刘易斯将经验知识的结构分为两个要素：直接的感觉呈现、表达思想活动或意识反应的先验形式或构造或解释。① 其次，他提出经验知识产生于先验概念应用于经验，或者换句话说，产生于基于先验概念的经验解释。这一论断对证明他的这样一个观点是至关重要的，即观念的必然联系在于对给定经验的解释，并且是实在的预先确定。为了考察该观点，我们首先来澄清经验背景和关于我们心灵的先验概念之间的区别，进而确定先验概念及它们间的关系在具体经验面前是如何被分类原则和解释来决定的，并因而是实在的预先确定。

经验的内容是已知的感觉，按照刘易斯的观点，不包含解释的或结构的因素。它就是当我们对性质作描述或解释时被剥夺的"这个"（明示）的所指。因此，它并非真正意义上的知识，因为"错误""证实"这样的术语并没有被用于它。另外，知识总是我们意识归之于已知知识的解释或构造。它以将现在的经验与将来可能的经验联系的概念呈现出来，以至于暂时的经验过程可以证实或证伪关于经验的概念解释中隐含的这样一种关系的断定。概念，更简单地说，是感觉经验的可能性；按照刘易斯的观点，它们是当我们使用实际的词或词组交流时我们意识中所存在的东西，这些词或词组表示事物（物理）个体或这些事物的类。② 它们也可以通过定义的方法被明确。在定义一个一个的概念并在它们之间建立"关系模式"时，我们可以通过"感觉与想象同一"的办法来

---

① Cf., C. I. Lewis, *Mind and the World-Order*, p. 38.

② Cf., ibid., p. 70.

97 加以证实。① 换句话说，概念或意义最终可以通过指向我们思想中某种经验或想象之间的关系来解释。②

实际上，刘易斯在《心灵与世界秩序》一书中所谓的"概念"，可以从他在《对知识和评价的分析》一书中关于"意义模式"论的观点来解释。根据这个理论，每个表达式、词或陈述，都能够命名和应用于某类事实或思想的一个或一些事物、一个或一些事态。所有表达式共有四种意义模式，可以被简单地描述如下：

（1）一个表达式的外延是该表达式能正确地应用于所有实际事物或一个实际事态的类。

（2）一个表达式的理解是该表达式能正确地应用于所有可能的或可一致思考的事物或事态的类型。

（3）一个表达式的意义是事物或事态的性质，它的出现表明该表达式得到了正确的应用，它的不出现表明它没有得到应用。

（4）一个表达式的内涵等同于必须应用于已知表达式将正确应用于其中任一事物的所有其他表达式的合取。③

显然，概念并不是一个表达式的外延，也不是一个表达式的理解或意义：它不是一个表达式的理解，因为它不是一个事实的（或想象的）事物或一个事态；它不是一个表达式的意义，因为一个表达式仅仅象征一个事物或事态的本质（或性质），而不是概念。因此，对概念的解释来说最相关的似乎就是表达式的内涵意义。这一点刘易斯已经认识到：

正如词的派生所说明的，在使用一个词的过程中，这个词的内涵表达了我们的意图；词在最简单和最通常的意义上所表达的含义就是"意义"的原初意义；"A" *98* 所意味着的意义就是在使用"A"时大脑中所想到的，而且这就是我们通常所说的A概念。④

说一个概念是一个表达式的内涵意义，并不能特别帮助我们什么，直到我们掌握了一个表达式的"内涵意义"。不过，在刘易斯的术语中，一个表达式的内涵意义存在两种具体化方式。意义可以被具体化为语言意义和感觉意义。一个词的语言意义可以通过其他词的总体来呈现，其中这个词如果在应用中就必须可应用于一个事物，而一个陈述的意义可以通过从该陈述可演绎的其他陈述的总体来呈现。一般地，语言意义是通过限

---

① C. I. Lewis, *Mind and the World-Order*, p. 81.
② 这里，前边讨论的"思想"，可能仅仅具有一种操作意义：一种思想是以某种模式把经验与经验联系起来的；它没有实质性的意义，它的意思是独立于其相关作用而存在的某种东西。
③ C. I. Lewis, *An Analysis of Knowledge and Valuation*, p. 39.
④ Ibid., p. 43.

定词的模式来构造的，而且别的分析关系在表达式之间成立，就像我们可以在字典中发现词的定义那样。这里说的一个概念通过相关的语言表达式的总体来呈现，就是说通过类似字典的定义而已，当我们使用一个语言表达式时我们所意味的必定没有得到澄清，表达一个概念的一个语言表达式为什么与表达其他概念的别的表达式相关联也没有得到说明。然而，要求进行这样的澄清和解释是通过详述一个表达式的感觉意义来提供的。

刘易斯如下解释他所谓的"感觉意义"：

> 通过感觉意义这个词组，我们所意味的是作为一个心灵标准的内涵，涉及人们在呈现或想象事物或境况的情况下能够应用或不能应用该表达式。①

进而，对确定一个表达式的感觉意义来说至关重要的就是一个规则或检测模式，通过它我们就能够在我们的想象中确定或检测我们是否可以正确地用使用一个表达式于一个事物；例如，我们是否可以正确地称呼一个图形为"三角形"。在这个意义上，一个表达式的感觉意义就是（确定该表达式可正确地应用于一个事物或一种情况）这样一个规则或检测模式或标准的可猜想的应用结果。对我们来说，一个词的感觉意义就是根据感觉可呈现的特征构成一个事物的东西，这个词是一个正确的名称。一个陈述的感觉意义是"一个可感结果的期待表象"，将可确证或证实当下的陈述。必须根据感觉可表达性来设想这种感觉意义，这是确定一个表达式的感觉意义的条件。要求该条件，是因为（其感觉意义在这里被讨论的）表达式必须应用于感觉经验，如果它完全可以应用的话。在这个意义上，感觉意义是从表达式应用于经验的所谓"应用的经验标准"推导出来的。对感觉意义的确定来说，也要求它们必须在具体经验之前在心灵中得到固定，因为仅当它们在具体经验之前得到固定，它们才能作为标准得以确立以判断一个表达式在面对已知经验时是否可应用于经验。正是在这个意义上，概念是先验的。②

扼要说明一下，我们可以说，当概念应用于经验时，它们是表达式的感觉意义，我们可以在碰到现实经验之前做出这种断言，而且用语言来阐述并产生表达式的语言意义模式。因此，当一个感觉意义上的陈述应用于经验时，我们就期待在适当的条件下某些经验跟着另外的经验的最终实现。当我们的期待得到证实，这样的陈述也就得到了证实。一个相关经验序列以某种方式的呈现可以被看作判断一个陈述的证实的标准，因而判断一个概念对于经验的正确应用。在这个意义上，作为体现在应用于经验的陈述中的概念，它必须以某种方式与一个相关经验序列相关联，或者换句话说，与一个有秩序的

---

① C. I. Lewis, *An Analysis of Knowledge and Valuation*, p. 133.

② 先验问题是不必在这里关注的问题。但是关于断言概念是先验的，我们可以引述与上述给定意义相关的两个更重要的意义：（1）它们都是关于经验本质的假说，而且当然是可以接受的，如果没有反对它们的经验性证据的话。（这里的"经验性证据"是一个含混的词：它可能意味着一些已知的经验，也可能意味着其他经验上充足的假说。）（2）它们甚至在不利的经验情况下都可以作为正确且可信赖的经验解释而成立。在这个意义上，它们应该恰当地被称为标准。

经验序列相关联。我们进而可以说，当将一个概念所说明的性质归于经验的经验陈述可被经验所证实时，该概念就被正确地应用于经验，例如，当陈述"这是红的"可证实时，"红"这个概念就被正确地应用于经验。既然一个经验陈述并不必然被证实，那么概念对于经验的应用就不必被当作绝对的，但是仅仅基于足够（充分）数量的相关（适当）证据就必须被承认，而且当证据不相关（适当）或相关（适当）数量的证据不足够（不充分）时，必须被拒斥。

　　我们来考虑这样的问题：按照刘易斯的观点，先验概念及其关系如何是被预设在我们关于实在的知识中的分类和解释原则，因而是先于实在确定的？首先，我们发现，对刘易斯来说，任何可设想为实在的东西都必须被设想为某种基于概念对某种经验的解释或确定。基于概念的对已知经验的解释或确定应该是探求实在知识过程的起点，即探求实在知识的过程必须开始于对经验的某种概念性解释。这是因为我们关于实在的知识必须基于实在，而且这种实在绝不会是"纯而简单的"经验，但必须是我们已经将之作为事物和某种客观事实来理解的经验。刘易斯阐述了这个观点，他说："实在比经验更有秩序，因为实在是明确的经验"①，而且"所有概括都基于实在，而不基于不明确的经验"②。这些陈述应该意味着，无论我们什么时候说到实在或做出关于实在的陈述，我们都已经预设了某种概念性框架，其中我们关于实在的概念和关于实在的陈述都是有给定意义的。

　　如果我们不事先确定或解释基于概念的经验的一般范围，那么我们将几乎不能说知道实在，因为我们将几乎不能说已经开始了探求知识的研究过程。只有在我们已经预先确定了经验的一般范围之后，我们才可能通过经验来发现是否存在预先确定的经验范围的规律和真理，并且如果存在这样的规律和真理，那么它们究竟是什么。刘易斯得出这个观点，是因为他观察到了，"为了与任意具体的研究或任意具体自然规律的有效性相关，经验必须先验地符合某种原则"③。该原则就是关于我们意图研究追求实在知识的经验范围的分类和解释的原则。

　　刘易斯强调的观点是，为了从实在中制作出纯经验，我们必须把经验划分成不同的范畴，使得一种经验可以和别的经验区别开来。根据刘易斯的观点，必须基于先验概念，我们才可以阐述"预先确定的解释原则，区分和关联或分类的标准，甚至任意种类的标准"④。例如，必须基于有形体的先验概念，解释有形体的性质的原则才可以得到阐述。这些原则进而能够使我们将一个有形对象和一个非有形对象区别开来。同样的道理，必须根据先验的实在概念，我们才可以阐述区别实在和非实在的原则。我们可以在

_100_

_101_

①　C. I. Lewis, *Mind and the World-Order*, p. 365.
②　Ibid. , p. 360.
③　Ibid. , p. 321.
④　Ibid. , pp. 230－231.

常识或物理科学和生物科学中发现的关于实在的这些基本范畴和大类，都是在上述意义上基于先验概念而得到确定和阐述的，因而都是将实在和非实在区别开来的潜在原则。

根据刘易斯的观点，不仅被我们称为"范畴"的这些概念，而且所有一般的或具体的概念，都能够作为原则起到区分实在和非实在的作用。换句话说，它们都是识别实在或确定某类实在的潜在标准。要明白刘易斯的观点，我们可以回顾一下，对刘易斯来说，每个概念都规定一个经验的一致性，而且在存在一个经验序列符合概念所规定的东西的情况下可应用于一个经验序列。如果实际上发现某个序列符合概念所规定的东西，那么在概念预先被接受为一个实在的标准的范围内，就可以说这个经验序列是实在。另外，如果没有发现实际经验序列符合概念所规定的东西，那么倘若可以设想有些经验序列应该符合它，则作为确定实在的标准的概念的地位就不应该受到影响。因为对于预先确定实在的标准所要求的是它可应用于经验，而不是它已经应用于经验，例如，一个苹果的概念就是预先确定一个苹果这个实在的标准，即使不存在符合苹果概念所规定模式的实际的"苹果类"经验。

102

基于上述分析，显然所有的概念在将它们作为实在标准的范围内都是规律，这些规律也许不是已知经验的真理，但可能是适当条件下的经验的真理。具体地，一个概念的内容，比如说一个苹果的内容，按照刘易斯的看法，就可以被纳入一个一般似规律陈述的形式，"对于所有的 x，如果 x 是一个苹果，那么假如 x 必须给予我们某种感觉经验，并且假如我们必须按照某种方式行动，则 x 将给予我们某种别的感觉经验"。因此，我们的概念，无论它们如何明确，就它们都可以被纳入上述形式的似规律陈述来说，或者换句话说，就它们都有预先确定的感觉意义来说，它们都是某种类型的实在的标准。当我们根据被设想的概念而知道了实在时，我们关于实在的知识就是一个规定经验应该是什么样的概念系统。在这个意义上简单地说，刘易斯作了结论：

> 我们关于实在的知识的所有内容是"假如（如果）……则……"这样一些命题的真理，在这些命题中假设是我们设想的一些东西，这些东西能够通过我们的行动模式和呈现经验内容的后件而可以做出真，尽管这些经验现在不现实而且也许将来也不能成为现实，但它是与现在相联结的可能经验。这样经常性存在的假言命题，当假设为假时都可以是有意义的和真的。与别的可能经验这样一种内容相联系的已知属性，是关于呈现的概念性解释和我们关于对象的知识。①

3. 建立实在标准的一个基本原则

为了寻求实在知识，我们不应该仅仅留下内容而把经验划分为大类或范畴，进而自

---

① C. I. Lewis, *Mind and the World-Order*, pp. 142-143.

由地将概念集合作为实在的预先标准来阐述。根据刘易斯的观点，我们在把经验划分为大类或范畴，并且将一个概念系统确立为实在标准时，必须注意到存在一个基本原则。这个基本原则就是："在所有范畴中没有事物是实在的；而且，在某个范畴中每个事物都是实在的。"① 换句话说，这个原则就是：没有事物是每个事物，而且每个事物是有些事物。

上述原则的意义应该是显然的。如果在所有范畴中每个事物都是实在的或任一事物都是每个事物，那么我们就不能通过用不同的概念来刻画一个事物和另外一个事物而将它们区别开来；如果在某个范畴中没有事物是实在的或者没有事物是任何事物，那么我们将找不到我们称之为实在的事例。这些情况中的每一个都会使得我们关于实在的知识不可能。因此，如果我们关于实在的知识是可能的，那么这些情况就必须被排除，而且我们必须设计或设置一种有穷的概念系统或范畴，使得先验地断定存在着与系统中的概念相符合的经验事例，而且也存在着与系统中的概念不相符合的经验事例。而且，对于已知事物，尽管我们不知道它所属的范畴，但还是可以先验地断定它必定是基于某种一致性或可能经验而被描述的，要是它可被理解为某些事物的话。通过这种办法，我们可以有意义地谈论一个概念系统，比如说有形对象，它规定了基于有形对象的概念的实在；比如说非有形对象，它规定了基于非有形对象的概念的实在。这种设置和精心制作一种有穷的概念系统来描述或规定实在的方法，是通过阐述理论的科学实践来加以说明的，目的是解释给定的经验范围和产生关于经验的预言。

关于设置和精心制作一个概念系统来描述或规定实在，刘易斯提出了两个重要观点。首先，一个想要描述或规定实在的先验概念系统可以通过演绎科学的方式被阐述②，使得它对经验的证实或证伪来说有很多假设性的结果。在这个意义上，一个想要描述或规定实在的先验概念系统应该与演绎—假设层次的概念和法则相吻合。正是通过发展这样一个系统，我们就能够做出大范围的预设，以关联支配大范围的现象的规律，并且设想基于经验一致性或经验一致性的一致性的根本性质。其次，一个先验概念系统可能比另一个能够更好地为我们的预言或解释服务，因为它更简单或更广泛或两者兼备。事实上，一个想要描述或规定实在的先验概念系统比另一个具有更大的或更小的实用价值。

103

104

① C. I. Lewis, *Mind and the World-Order*, pp. 321－322. 可以用两个逻辑符号将这两个陈述表达如下：令 "R" 表示 "是实在的"，"εC_i" 表示 "范畴 C_i 中"；假设存在 n 个范畴，那么 "在所有范畴中没有事物是实在的" 这个陈述可以被表达为 "～（x）（Rx⊃x ε C_i）"，其中 i＝1，2，…，n，"在某个范畴中每个事物都是实在的" 这个陈述可以被表达为 "（x）（Rx⊃x ε C_1 v C_2 v···v C_n）"。

② 刘易斯在《自然科学与抽象代数》（Natural Science and Abstract Concepts）一文中对《心灵与世界秩序》进行了补充，他说："有充足的理由，具体科学在这个方向发生了不可避免的变化，其中数学已经先于它们走向演绎式的发展，并且所规定的概念更少地基于我们直接认同的经验对象的感觉性，而更多地基于自然规律中刻画的那些系统的联系。"（Ibid., p. 393）刘易斯在同一篇论文中说："应用具体的自然科学，就像应用数学一样，这样一个阶段是可能的（即便它可能还没有达到）：在这个阶段，科学真理的问题可以被等价于地表述为：经验律的发现足以普遍地构成一个系统整体，或者选择作为可应用于事实的一个抽象系统。"（Ibid., p. 389）

在我们试图追求实在知识时，进行单独的经验概括和发现它们每一个的证据都不应该存在什么问题。但设置和精心制作一个可用于经验事实的而且也将被证明是最有实用价值的先验概念系统则必定存在问题。

对我们的讨论做一个总结，可以说，在某种程度上存在着一个先验原则或先验可确定的原则来规定一般性事物所具有的东西，而且在某种程度上我们依赖作为实在标准的概念关系模式并把它们精心制作为一个演绎系统，使得我们甚至可以在不利的经验面前坚持它们，在适当的意义上观念的必然联系是与我们关于实在的知识相关的，而且这些都是我们关于实在的知识中的一个先验要素。我们关于实在的知识中不存在观念的必然联系被理解为我们关于实在的知识中不存在一个先验可确定的概念联系，这个断定是没有根据的，而且事实上是错误的。因此，这一断定并不能被看作经验知识的有效性或者作为达到这种知识的归纳过程的有效目标。反对休谟式的怀疑论的第一个论证进而可以被简单地阐述如下：我们关于实在的知识应该预设一个先验的实在标准，这是定义实在的分类和解释的预先原则。

第十一章 一种"先验分析式"的归纳辩护

1. 一般性评述

根据刘易斯的论证，我们已经看到，观念的必然联系在于给定经验的解释，而且我105们产生于经验之概念性解释的实在经验知识根据其缺乏观念的必然联系并非无效。然而，这并非必然证明它因此就是有效的。关于实在经验知识之有效性的问题，如刘易斯在他的《心灵与世界秩序》这本书中所处理的那样，是与为归纳和经验概括辩护相同的问题。这就是发现和阐述归纳的可信赖的问题。

因为经验概括从未是必然的，而仅仅在某种（我们将在后面说明的）意义上是概然的，刘易斯称它们为"概率"，并且主张它们必须一般有效（或真），而且这是它们之合理可信性或可信赖的充分条件。"换句话说"，他说，"这个世界在本质上是这样的，概率一般因为将来的情况是合理的，即这个世界是'有序的'：存在着某种稳定性延伸到过去和未来，而且对未来来说，基于过去一致的态度一般比不基于过去的态度更安全"①。这段话包含了两个主要的观点：（1）为了使经验概括得到辩护，未来的经验必须使它们为真，而且这假设了这个世界必须是有序的，这个世界必须存在齐一性或规律。（2）为了使归纳和经验概括得到辩护，我们依据概率的行动一般应该比不依据概率106的行动更安全或更成功。但是，这些观点存在严重的问题：我们如何来断定这个世界是有序的？我们如何知道齐一性从过去延伸到未来，以至于来自过去的经验概括必定是有效的？最后，如何知道我们依据归纳的行动必然比不依据归纳的行动更成功？

在解决这些问题之前，刘易斯声称："对于作为概然知识的经验概括的有效性——或者更精确地说作为概率知识的有效性——除了分析的之外不需要先验真理。"② 我认

---

① C. I. Lewis, *Mind and the World-Order*, pp. 343-344.

② Ibid., p. 310.

为，刘易斯在这里所主张的是，我们从先验分析的观点为归纳和经验概括辩护，这意味着事实上我们为归纳和经验概括辩护不需要求助归纳结果，从而避免了滥用循环。因此，刘易斯的问题是这个世界是如何有序的，齐一性是如何从过去延伸到未来的，而且从先验分析的观点看归纳是如何在实践中更成功的。

我认为，刘易斯在其《心灵与世界秩序》——在其中，他陈述了自己关于归纳和经验概括的先验分析式辩护的观点——的最后两章中所做的就是，在他一般所提倡的一种实在论与一种相关知识论的框架下为归纳和经验概括辩护。接下来，我将阐述刘易斯的实在论与相关的知识论，目的是弄清楚刘易斯是如何在它们的框架下来为归纳和经验概括辩护的。我进而指出刘易斯将合理可信度归因于归纳和经验概括的论证并不成功，并提出一个刘易斯理论的替代理论以更好地为归纳和经验概括辩护，同时符合我对皮尔士关于归纳的非概率式辩护的主张。然后，我将在最后一节批评他关于归纳和经验概括的实用主义辩护理论，并且提出归纳仅仅可以在弱的意义上而不是在强的意义上根据我们实用主义兴趣的满足而得到辩护。

2. 实在论和知识论中的归纳辩护问题

尽管刘易斯没有给出什么是实在的定义，但他的确暗示了作为事物总体和客观事实的实在作为可能的感觉经验序列是可知的，如果后者都是可知的话。他写道："存在着的事物都是为我们理解的某种可能经验序列，得到呈现的都是概然的情况。"① 从刘易斯的这一陈述出发，我们并没有理由假设他必定意味着实在必须仅仅作为可能经验序列是可知的。然而，存在着一个很强的理由来假设，刘易斯的确提出了实在总是可理解的事物和客观事实，即总是使我们关于实在的知识成为可能。因为他说："如果经验是可理解的而知识是可能的，则在秩序的方式下所要求的仅仅是应该存在着可理解的事物和客观事实——而且对这一点来说我们可以设想无论如何都没有选择，除非每个事物都不存在。"② 这可以被理解为：如果必定存在着可理解的事物和客观事实，那么我们就总是可以具有关于事物和客观事实的知识，因为它们都是作为可能经验序列而存在的。但是，如果必定不存在可理解的事物和客观事实，那么就无物存在。反过来，根据刘易斯的观点，很显然使得我们关于事物和客观事实的知识成为可能的可理解的事物和客观事实，全都存在于实在中。这种实在论——实在作为可理解的事物和客观事实——是与在上一章中得到澄清的刘易斯的知识论密切相关的。

在上一章，我们已经澄清了刘易斯所持的下列观点：理解或认识事物和客观事实就是将概念应用于在已知的感觉经验中呈现的经验。只有当我们认识到经验中的某种秩序

---

① C. I. Lewis, *Mind and the World-Order*, p. 367.

② Ibid.

或齐一性时，才能说一个概念应用于经验。齐一性的秩序，按照刘易斯的观点，是某种可能经验序列，即相互之间的关联而非关联于任何其他经验。它是一种感觉经验模式。例如，只有当我们在经验中或感觉经验序列中认识到"苹果类"模式并且能够确定情况就是如此时，"苹果"这个概念才被应用于经验。在这个意义上，我们关于实在的知识除了经验的概念性解释即被阐述为基于可能经验序列的陈述之外什么都不是。因此，认识就是通过从一种有序的方式将已知经验与可能经验关联起来认识可能经验序列。将这种知识论和实在论结合起来作如上描述，显然实在除了我们通过将概念应用于经验的办法所能知道的之外什么都不是：它们都是按照某种我们可理解的或者我们现在所理解的方式来排列的可能经验序列。

这里，刘易斯为归纳和经验概括辩护的程序在于，在其实在论与知识论的框架下来陈述归纳和经验概括的有效性。按照他的观点，归纳和经验概括的有效性在于，事实上它与我们关于经验概括不能阐述我们关于事物和客观事实的知识的观点相反。刘易斯为了澄清自己的观点，他致力于证明：（1）作为经验知识之实例的经验概括，可以被解释为经验的概念性解释，或者换句话说，可以被解释为概念应用于经验的结果；（2）我们能够而且必须将概念应用于经验，除非无物存在。注意必须在刘易斯的实在论和相关知识论的框架下来理解（2），如我们所看到的，根据刘易斯的知识论，存在着的事物都是为我们所理解的可能经验序列，然而根据相关的知识论，理解事物和客观事实就是将概念应用于经验。因此，如果我们不能将概念应用于经验，那么每个事物都将不会存在。接下来，我将依次来讨论（1）和（2）。

3. 作为经验解释的经验概括与原则 A

刘易斯区别了两种经验概括：形式为"所有天鹅都是白的"的经验概括和形式为"这是一个苹果"的经验概括。这里，断定所有天鹅都是白的就是要断定下面的陈述为真，即"对于所有的 x，假如 x 是一只天鹅，则 x 就是白的"。这个陈述显然是一个概括。但它也代表了一个基于两个概念或两个概念应用于经验的经验解释，理由如下：这一陈述为真，是因为在"一只天鹅"这个谓词或概念为真的任何情况下，"白的"这个谓词或概念都是真的。根据刘易斯的意义理论，如我们在上一章已讨论过的，说一个概念是某物的真，是说一种齐一性或一个可能经验序列符合呈现这个概念的感觉意义，可以用陈述表示为："如果 x 呈现了某个感觉经验，那么假如我们必须按照某种方式行动，则 x 将呈现某种别的感觉经验。"这恰恰就是刘易斯断言一个概念应用于经验或者根据某个概念来解释经验所意味的。根据这个解释，显然应该是，"对于所有的 x，假如 x 是一只天鹅，则 x 就是白的"这个概括代表了一个基于概念"一只天鹅"和概念"白的"的经验解释，代表了这样一个解释，其作用是，每当 x 被解释为一只天鹅时，它就被解释为白的，或者每当"一只天鹅"这个概念应用于 x 时，"白的"这个概念也应用于 x。

同样的道理，"这是一个苹果"这个陈述也应该代表了一个基于"一个苹果"这个概念的经验解释。断定这个陈述的真，就是断定"一个苹果"这个概念就是"这"的真；或者"苹果"这个概念应用于"这"，并且将"这"解释为一个苹果。但是，当这个陈述被断定为真时，它也规定了"一个苹果"这个概念是"这"所属于的一类事物的真。显然，正是因为这一点，刘易斯将"这是一个苹果"这个陈述说成一个经验概括。该概括应该采用的形式是："对于所有的 x，如果 x 是一个苹果，那么假如 x 必须向我们呈现某种感觉经验，并且假如我们必须按照某种方式行动，则 x 将向我们呈现某种别的感觉经验。"①

上述根据经验的某个概念性解释来说明一个经验概括的方式必须明确说明，经验的一个概念性解释反过来可以被看作一个经验概括。这一点很容易看出来。当一个概念 F 应用于已知经验，或者根据 F 来解释该经验时，我们就说我们有了一个形式为"这是 F"的经验概括。当基于两个概念 F 和 G 来解释一个已知经验时，或当 F 这个概念应用于 G 这个概念所应用于的已知经验时，我们就说我们有了一个形式为"对于所有的 x，假如 x 是 F，则 x 是 G"的经验概括。

我们现在来考虑刘易斯的第二个观点，即我们总是能够而且必须将概念应用于经验，除非无物存在。刘易斯用一个一般原则来阐述这个观点，他认为这个原则对归纳和经验概括的辩护来说是根本性的、至关重要的。正是根据这个原则的力量，刘易斯认为归纳和经验概括的可信赖应该得到辩护或者应该被给出理由。刘易斯称这个原则为原则 A（PA），他将之阐述如下："认为经验中每个可辨识的实体都与每个别的实体同等相关，这一定是错误的。"② 从中可推出来的将是这一原则的分类和解释，以便证明我们总是能够将概念应用于经验并且必定存在着可理解的事物和客观事实，除非无物存在。

首先，我们应该注意到，PA 中的词项"经验中可辨识的实体"和"同等相关"的意思是含混的。经验中的一个实体是可辨识的或可认识的，仅当我们能够基于某个概念来描述它。因此，当刘易斯说到经验中的某个可辨识的或可认识的实体时，他假设了人们必定已经知道关于经验的某些东西，因而必定已经具有某些实在知识。所以，当刘易斯用 PA 作为断定实在知识之概率的基础时，他就回避了问题的实质。为了避免这个困

① 当然，我们应该注意到，为了确定一个概念或一个可能经验序列为个体的真，我们不能要求这些可能经验序列对于同类的每个个体都是十分相似的。我们能够要求的最多是，这些可能经验序列必须属于一些同类，或者属于充分相似以至于能使我们确定已知概念为这个同类的每个个体之真的感觉经验序列类。同一性问题是一个困难的问题，但这里不必讨论它。通过考虑同类这个概念，我们可以说，在做出"这是一个苹果"这个陈述时，我们已经清楚地进行了下列形式的概括：对于所有像"这"的 x，如果 x 必须向我们呈现某种感觉经验，那么假如我们必须按照某种方式行动，则 x 将向我们呈现某种别的感觉经验。

② C. I. Lewis, *Mind and the World-Order*, p. 368.

境，我认为刘易斯应该区分描述各种感觉经验（如颜色、声音和味道）的概念、描述物质（物理）对象（如椅子和桌子）的概念和描述理论（科学）对象（如原子和电子）的概念，等等。红色这个概念对于一片红色，就像椅子这个概念应用于一把具体的椅子，或者电子这个概念应用于一个氢原子的一个具体电子。通过这样的区分，我们就可以将"经验中可辨识的实体"这个词理解为关于某个感觉经验概念应用于其中的一个感觉呈现。在这个意义上，当我们已辨识或认识某些种类的感觉呈现时，这个词将不会误导我们去假设必定存在着可理解的事物或客观事实。

接着，我们还必须要问，说"两个给定的可辨识实体（如 x 和 y）同等相关于第三个实体（如 z）"意味着什么。显然，它意味着，如果 x 的出现紧跟着（或伴随着）z 的出现，则 y 的出现同时紧跟着（或伴随着）z 的出现。但应该指出的是，它也可以意味着，如果 z 的出现紧跟着（或伴随着）x 的出现，则 z 的出现同时紧跟着（或伴随着）y 的出现。假如在经验中存在两个以上可辨识的实体，则这些可辨识的实体可以一起出现，以至于可以说它们互相"同等相关"。然而，当且仅当给定一个可辨识的实体，别的实体就会在一个时刻序列中相继出现，才可以说它们互相"同等相关"。这就是我们必须赋予 PA 的意思，以避免理解上的歧义。

澄清了 PA 中的相关词项，我们来考虑一下 PA 如何必然地确保可理解的事物和客观事实的存在，因而必然确保我们关于实在的知识的有效性。通过考虑如何必定不存在可理解的事物和客观事实，可以将这一点弄得最清楚；因而，按照刘易斯的实在论，如果 PA 的反面成立，则必定存在着每个事物的非存在。假设经验中每个可辨识的实体在上述意义上与每个别的实体同等相关。那么，给定一个可辨识的实体，比如这一特殊的"狗类"的经验，根据可以做出一条狗的经验的预言，则什么是我们断言我们知道存在一条狗的理由？就像我们的预言（通过关于一条狗的经验）被证实将少于（通过关于别的可能概念的经验）被证伪一样，我们必定没有更多的理由说"这"是一条狗而不是说"这"不是一条狗；而且，事实上我们也不会有更少的理由，因为谓词"非狗类"在给定经验下为真比谓词"狗类"更频繁。而且，如果我们考虑每个经验同时伴随着每个别的经验，那么我们首先就没有理由做出一条狗存在的预言。这个理由不过就是，一个事物存在的预言会和每个别的事物存在的预言一样好。这样，没有一个概念必然可以基于与其他经验相区别的一类具体经验来解释已知经验，因为已知经验是与所有类型的经验相关的，而所有经验都等频率地发生。因此，我们不会说存在着具体的可理解的事物或客观事实，因为我们没有办法或者没有标准来肯定一个事物而不是别的事物的存在。

显然，在上述方式下，PA 的反面将导致否认确知任何事物和任何客观事实的存在。由此可见，PA 应该是确知事物和客观事实存在的必要条件，而且可以确信，故而我们确知事物和客观事实存在是 PA 为真的一个充分条件。然而，需要指出的是，对确知事物和客观事实的存在来说，PA 不仅是必要条件，而且是必要且充分条件。这是因为，如果 PA 为真，则通过刘易斯基于齐一性或可能经验的有序序列而对事物和客观事实所做的解释，事物和客观事实就应该作为我们理解的可能经验序列而存在。这就是为什么刘易斯要将 PA 的真作为可理解的事物和客观事实之存在的"唯一的必然性"来谈。①

接下来，有必要指出的是，刘易斯后来基于"可终止的陈述"所严格蕴涵的"不可终止的陈述"之可证实的教条②，也预设了 PA 作为必要条件，因为这个教条就是被用来解释我们如何通过证实关于来源于物理对象的感觉经验的陈述来知道关于这些物理对象的真陈述。一个不可终止的陈述的证实可能通过可终止的陈述的证实得到，只要 PA 为真。根据刘易斯的观点，"不可终止的陈述"是这样一种关于事实的陈述，即从"被一般承认的事实的最简单的断定，如'我面前有一张白纸'，到最令人印象深刻的科学概括，如'宇宙在膨胀'"③。另外，"可终止的陈述"是关于各种感觉经验之关系的陈述，具有大家熟悉的形式："如果在某种现象 S 的出现中，某个行动似乎必定被做出，则某个现象 E 就会被导致。"可终止的陈述与不可终止的陈述的关系依赖这样的事实，即一个关于事实的不可终止的陈述的感觉意义是以上述形式的某种可终止的陈述来展示的。在这个意义上，基于可终止的陈述的一个集合，一个不可终止的陈述是可阐述的。一个不可终止的陈述和一个可终止的陈述集合之间的关系可通过一个形式为"（不可终止的陈述）P 严格蕴涵（可终止的陈述）C"的分析陈述集合来表达。

P 和 C 之间的所谓严格蕴涵就是指，如果其前提为真，则说结论为假不仅是假的而且也不一致，或者不可设想。对不可终止的陈述来说，可终止的陈述的范围是无穷无尽的，因为它包括每一个陈述，它的真偏向于证实不可终止的陈述，它的假偏向于证伪不可终止的陈述。就像存在着很多独特的不可终止的陈述一样，也存在着很多独特的可终止的陈述，它们都相应地为每个不可终止的陈述所蕴涵。每个不可终止的陈述通过证实它自身所严格蕴涵的可终止的陈述而得到证实，但不能通过证实别的不可终止的陈述所严格蕴涵的可终止的陈述而得到证实。在这一点上，我们可以说，PA 所要求的就是当下的陈述为真。或者换句话说，它要求一个不可终止的陈述蕴涵某个可终止的陈述集合，而排斥某个别的可终止的陈述集合。之所以如此，是因为说每个可辨识的现象同样地伴随着每个别的可辨识的现象，就像 PA 的否定所必定蕴涵的一样，就是说各种各样的可终止的陈述集合都是以相同频率发生的，就像证实任一不可终止的陈述事例那样。这样，在所有不可终止的陈述的证实和证伪之间就不会存在差异，因而就不会存在一个对象存在的认知，也不会呈现如不可终止的陈述所预言的经验规律。

概念对经验的可应用性与经验（不可终止的）陈述的可证实性、可理解的事物和客观事实的存在全都依赖 PA。因此，我们的确可以得出结论说，PA 从本质上解释了我们

① Cf. , C. I. Lewis, *Mind and the World-Order*, p. 367.
② See C. I. Lewis, *An Analysis of Knowledge and Valuation*, Chapter VIII.
③ Ibid. , p. 185.

是如何知道必定存在着刘易斯的实在论和相关知识论框架下的可理解的事物和客观事实的。

4. 原则 A 的分析性

现在,存在的问题是,原则 A 自身是否就必然地或分析地真。在表达这个原则的时 *114* 候,刘易斯不仅提出了建议(1)如果某些可理解的事物存在,则"唯一的必然性"就是,经验中每个可辨识的实体都不应该与每个别的实体同等相关;而且提出了建议(2)必然并非经验中每个可辨识的实体都与每个别的实体同等相关。关于第一个建议,PA 对可理解的事物和客观事实来说应该是充分且必要的条件。换句话说,下列逻辑等价式必定成立:

可理解的事物存在 ≡ PA

这一等价式应该十分清楚地表示了:如果"可理解的事物存在"这一陈述是必然的或分析的真理,则 PA 是必然的或分析的真理。但"可理解的事物存在"这一陈述是必然的或分析的真理吗?根据刘易斯规定实在与可理解的事物和客观事实之等值的实在论,设想可理解的事物和客观事实的非存在就是设想无物存在。但这是不可设想的,因为这将与正在设想的相矛盾。设想这一点就是设想自相矛盾。如果一个分析的或必然的真理的否定的确导致自相矛盾,则"可理解的事物存在"这一陈述就是必然的或分析的陈述,因而根据"可理解的事物存在"这一陈述和 PA 之间的逻辑等值,PA 就是一个必然的或分析的陈述。

事实上,根据刘易斯的第二个建议,必然并非经验中每个可辨识的实体都与每个别的实体同等相关,PA 应该是一个"明确"必然的或分析的真陈述。① 也就是说,通过包含在 PA 这个陈述中的词的含义,它应该是分析真理,而且其分析真理是由 PA 这个陈述所明确肯定的。然而,如果认为 PA 是关于"经验中可辨识的实体"的断定,而且其形 *115* 式是"如果 x 是可辨识的或可认知的,则 x 与每个别的实体不同等相关",那么在前面给定的"经验中可辨识的实体"的意义上,人们就总是可以设想经验中每个可辨识的实体都可以通过每个别的实体被等频率地推断得出。因此,如果我们接受了前面关于"经验中可辨识的实体"这个词的解释,则将 PA 作为刘易斯第二个建议下的必然真理来考虑将会是困难的。当然,我们可以将"经验中可辨识的实体"重新解释为某种物理对象的概念所应用的东西或某种不可终止的陈述所指称的东西。在这样做的时候,PA 正好可以被看作关于一个物理对象或一个客观事实的断定。但是,要解释我们为什么不能设

---

① 这是刘易斯关于明确分析陈述的定义。"一个明确的分析陈述是一个分析陈述(因此真),它断定了某种东西的逻辑必然性。"(*An Analysis of Knowledge and Valuation*, p. 89)

想与 PA 相矛盾的情况仍然是困难的。

　　鉴于解释 PA 的分析真理的困难，我们也许可以认为，PA 只有在被看作关于经验中实体的认知或辨别时才是必然的或分析的真理。就是说，PA 可以被解释为如下形式：作为感觉经验的 x，如果 x 与每个别的感觉的出现并不同等相关，则根据某个物理对象的概念或某个不可终止的陈述，它是可辨识的或可认知的。正是通过对认知的这一解释，我们可以做出一些可证实的预言和不可终止的陈述。如果我们已经假定对"辨识"或"认知"作上述解释，则可以设想 PA 的矛盾在意义上是自相矛盾的。①

116
　　在上述意义上来理解 PA，我们可以着手来证明 PA，作为我们基于概念性解释来理解事物和客观事实的充分且必要条件，它是为归纳和经验概括辩护所必不可少的。回想一下，根据刘易斯的观点，经验概括是关于经验的概念性解释，而归纳则在于将概念应用于经验。我们已进一步发现，关于经验的概念性解释或概念在经验中的应用可以被认为是经验概括。这里，PA 要确保的是，如果我们想要认识实在，那么我们就永远都不应该误用归纳和经验概括。理由正是这样。根据刘易斯的实在论，除非无物存在，总应该存在着可理解的事物和客观事实，因而应该存在着归纳和经验概括。因为这个理由，归纳和经验概括是必不可少的，这在我们的实在概念以及我们的知识观念中都被预设了。归纳和经验概括的有效性至多是有关我们关于实在的知识和实在定义的归纳和经验概括的必然性。为归纳辩护就是要认识这种必然性，以及认识到以下这个事实：没有归纳和经验概括，我们不仅没有关于实在的知识，而且没有任何实在性。这种辩护被刘易斯在下列段落中清楚地指出来了：

　　　　我们的知识一般是有效的这个概念的唯一选择，就是无物存在这个概念；无物存在是已知的，而且无思维存在知道这一点——我们对这样一个概念能够做出的最为接近的相似也许是，存在只不过是搬运无意义陈述的经验。②

　　这一段落中的陈述："我们的知识一般是有效的这个概念的唯一选择，就是无物存在这个概念"，是关于刘易斯实在论的刻画。对他来说，实在至多是一个可理解的事物和客观事实或一个可能经验序列的集合。因此，否定我们知识有效的可能性就是否定实在性。这一否定等同于肯定了经验对于我们是无意义的。在经验面前，代替有意义的解释，我们会有纯"感觉"的陈述（这是刘易斯的用词）③，既不是知识也不是实在性。根据这种纯"感觉"的陈述，我们几乎不能说有些可理解的事物存在或者某物是可理解

---

　　① 在这个意义上，像刘易斯假设它应该的那样，这个原则并不应该与凯恩斯（John M. Keynes）的独立变化限制原则比较。如凯恩斯所肯定的那样，后者是一个仅仅由自然界中的各种事物的归纳证据所支持的假说。关于凯恩斯的原则，可以参见凯恩斯的《概率论》（*Treatise on Probability*），他在其中说："宇宙中的变量被这样一种方式所限制，即不存在一个如此复杂的对象，以至于它的性质组成了无穷数量的独立集合。"凯恩斯所谓的独立集合，是由性质的组合组成的集合，其中一个集合的元素不能归约为另一个集合的元素。

　　② C. I. Lewis, *Mind and the World-Order*, p. 378.

　　③ Cf. , ibid. , 53f, 75, 275f, Appendix B, 407.

的，因为没有概念应用，而且没有经验概括为真。因此，对刘易斯来说，经验概括对于在已知经验面前存在某种可理解的事物或客观事实的必要性，正是归纳和经验概括的辩护。归纳和经验概括不可怀疑，这就是为何我们不应该怀疑归纳和经验概括之有效性的原因。

对于这一观点的批判，我们可以做些评论。一个休谟式的怀疑论者关于归纳和经验概括的辩护所要求的仅仅是，它们被证明是预设的而且对于我们关于实在的知识以及刘易斯意义上的事物和客观事实的存在都是必不可少的，刘易斯的方式的确应该满足他。但是，该休谟式的怀疑论者也许接受这样的事实，即归纳和经验概括对于我们关于实在的知识以及刘易斯意义上的事物和客观事实的存在都是必不可少的，但仍可能要求给定某些理由来确信归纳和经验概括的可信性。我们没有理由相信归纳和经验概括是必不可少的并且是我们关于实在的知识预设了的重言式真理，不过，它们是我们相信自己关于实在的知识为可信赖的或接受实在的定义为适当的理由。我们关于实在的知识如何才是可信赖的以及我们关于实在的定义如何才是适当的问题总是可以被提出来。除非存在独立的理由，我们可以据之将可信赖归之于我们关于实在的知识，否则归纳和经验概括都是必不可少的而且是我们关于实在的知识所预设的这自身都不应该给归纳和经验概括的程序或者将概念应用于经验的程序增加任何可信性。

关于这一辩护存在第二种批评。刘易斯显然认为归纳和经验概括的有效性最终在于我们设想事物和客观事实不存在的不可能性。因此，根据刘易斯的观点，如果我们拒绝归纳和经验概括，那么我们就不仅拒绝了实在知识，而且拒绝了实在性。但是，这并不是一个正确的观点。因为事实是，当我们拒绝归纳和经验概括时，我们仅仅拒绝了依赖通过归纳和经验概括将概念应用于经验的实在知识部分。因此，我们并没有拒绝先于我们经验而确定的与预设在我们实在概念中的分类和解释的基本原则。在这个意义上，我们并没有因此而拒绝实在性。

接下来，根据刘易斯的实在论，实在是"可理解的事物和客观事实"。因此，如果一个事物不能被理解或者被知道，那么它一定不是实在。类似地，如果没有事物可以根据概念被理解，那么就不会存在实在性。这样也就应该得出，不应该存在关于实在的有意义陈述。这是因为，如果不存在实在，就是因为不存在有效的归纳和经验概括，则关于实在的任何陈述都将会是无意义的。但是，这个观点站得住脚吗？事实上，我们完全可以做出关于实在的有意义陈述，即使不知道这个陈述为真。因此，即使我们拒绝了归纳和经验概括，我们所拒绝的也仅仅是发现一个有意义的陈述是否为真的方式或方法。我们并没有通过任何方式来拒绝该陈述所表达的意义和实在本身。例如，说"一只猫有五条腿"，或者说"太空中除了我们的星系之外一切星系都离我们而去"，都是完全有意义的。但从这并不能得到我们知道了一只猫有五条腿，或者我们知道太空中除了我们的星系之外一切星系都离我们而去。从这我们也不能得到一只猫有五条腿，或者太空中

117

118

除了我们的星系之外一切星系都离我们而去。因此，我们不知道一只猫有五条腿，和我们不知道太空中除了我们的星系之外一切星系都离我们而去这些事实，并不意味着这些陈述是无意义的。既然反对归纳和经验概括并不等于反对关于实在的有意义陈述和实在自身，那么刘易斯通过将归纳和经验概括的可能性与实在自身的可能性等同起来而为归纳和经验概括辩护就绝不是恰当的辩护。关于我们的实在应该意味着什么，关于我们的归纳和经验概括意味着什么，这最多只是一种建议。

尽管刘易斯关于归纳和经验概括的"先验分析式"辩护并不确保归纳和经验概括的可信性，但必须承认的是，它在某种意义上证明了我们的概念性解释与归纳和经验概括将经验作为实在来认知的过程的根本必然性。它指出了，归纳是一种证实关于实在的有意义陈述的方法。如果有人接受了我们关于实在的知识为有效的而不知道归纳和经验概括被预设于其中，那么他就不能怀疑归纳和经验概括的有效性而不自相矛盾。这就像一个人接受矛盾律为有效，而同时又对该规律的有效性提出质疑。这是一种独断的不一致性。但是，如果他对经验概括有效性的否定的有效性必须依赖归纳，那么就会存在逻辑上的矛盾。①

119　　为归纳和经验概括辩护的一个更好的方式可以是修正刘易斯关于实在性的概念与实在知识的概念。根据刘易斯的实在论，实在依赖我们基于可能经验序列的关于事物和客观事实的理解。前面我们已经讨论过，我们能够做出关于实在的有意义陈述，而实际上并不知道它们通过归纳是否为真，即使关于实在的有意义陈述总是可以被分析为一个关于可能经验及可理解的事物和客观事实的陈述集合。在这个意义上，我们说实在独立于我们的理解而存在，即事物和客观事实并不需要被理解或者甚至对于它们的存在是可理解的。要修正刘易斯关于实在的概念，我们可以把存在看成我们可以做出有意义陈述的事物和客观事实。在这个意义上，关于实在的一个有意义陈述并不需要为真或者被知道为真。

通过上述关于实在的概念，我们可以用这样一种方式来定义关于实在的知识，即并非每个或任何经验概括都能被看成实在知识。相反，一个新的实在概念应该规定，实在知识是经验的一个充分证实了的概念性解释。在第五章，与批评皮尔士关于归纳的非概率式辩护相联系，我们已经讨论了这个充分证实了的概念。根据这个概念，如果归纳和经验概括是被充分证实了的，那么它们就是有效的和可信赖的。这就是说，如果它们符合充分证实了的标准，或者如果它们在一个有穷可实现的过程中导致了关于实在的充分证实了的陈述。在这个意义上，表明一个归纳或一个经验概括是被充分证实了的，或者在一个有穷可实现的过程中导致了关于实在的充分证实了的陈述，就是要为它的可信赖给出一个理由。一个充分证实了的经验概括应该属于一系列的实在知识，因为它等

---

① 参见第八章。

值于关于经验的一个充分证实了的概念性解释。这是一个对归纳和经验概括的辩护，刘易斯也许在他的论证中已经有这个意图。根据这一辩护，拒绝归纳和经验概括并非拒绝实在或拒绝关于实在的任一有意义的陈述。拒绝归纳和经验概括除了拒绝关于发现实在的方法（通过这个方法可以证实或证伪一个关于实在的有意义陈述）之外，什么也没有拒绝。

第十二章 刘易斯关于归纳的"先验分析式"辩护的含义

1. 原则 A 与为从过去到未来的论证辩护

120　　谈到其原则 A，刘易斯说："我希望指出的是，首先，对于基于过去经验而又可被用于未来的经验概括的有效性，这个单一的要求满足了关于经验或实在中具有必然性的每个事物；其次，尽管这表现出经验可能性的局限，但它最终别无选择。"① 在处理刘易斯这段话中的第一点之前，我将试图先来辩护一下他基于 PA 的第二点，该原则说，我们能够将概念应用于任何给定经验，除非无物存在。从下面的分析来看这显然是 PA 的一个结论。

　　我们已经看到，对刘易斯来说，PA 是绝对可靠的原则。PA 为何不能为假的部分理由是，我们总是能够将概念应用于经验。在这个意义上，根据刘易斯的观点，我们能够知道有物存在；而且，因为我们知道有物存在，我们就能够说有物存在。正是在这个意义上，根据概念基于感觉意义所规定的，经验的可能性必定受到限制。进一步，如果经验的可能性不被限制，则无物存在。当刘易斯说除了限制经验的可能性之外我们别无选择时，他正意味着这一点。从无物存在这个陈述自然得出我们什么都不知道。

121　　为了强调在任一给定经验情况下我们必定知道某物而且我们必定因此限制经验的可能性，刘易斯记下了下列原则（他称原则 B）："在存在不能满足原则 A 的可辨识的实体的任一情况下（如果充分扩大的话）——它的联系是随机的——都将存在别的实体，有系统地联系前者，或者根据它们满足原则 A 而得到具体化。"② 在这个原则中刘易斯所建议的是，如果我们想要避免设想每个事物的非存在，那么 PA 就必须在任一情况下都应用于经验。关于这个原则所提出的问题是，如何理解一个不满足 PA 的感觉经

----

① C. I. Lewis, *Mind and the World-Order*, p. 368.

② Ibid. , p. 383.

验序列在系统上可具体化而且可以联系另一个满足 PA 的感觉经验序列。关于这一点的一个基本解释是，如果给定经验是那种不能根据熟悉的概念集合来描述或解释的经验，那么我们就总是能够找到一个"合适"的概念集合来描述或解释它们，"合适"的意思是该概念集合将使我们能够根据给定经验做出可证实的预言。因此，在一个随机现象中，我们总是能够寻找到经验的某种秩序或模式而不是通过熟悉的或预先设定的概念来描述。注意，对刘易斯来说，随机现象并不是没有任何概念应用的，而仅仅是没有预先规定的概念应用。指明这一点后，刘易斯评论道："在我们研究实在之本质的过程中，我们所做的就是寻找某种秩序或某种一般类，而且我们如果没有找到，就要寻找一些别的。"①

原则 B 事实上主张，我们总是能够理解经验，因为无论如何随机给定经验，理解或解释经验的方式总是存在的。理解或解释经验的方式总是存在，是由于我们总能够对给定经验做出区分和分类，以适合我们实际上的考虑如简单性和可理解性。问题是，我们如何能够"理解"没有熟悉的或预先设定的概念系统恰当应用的随机经验。刘易斯已经提出了理解经验的下列方法，以便我们总是能够说我们知道了有些事物。第一个方法就是，我们可以从经验中分析实体得来的简单元素入手，以发现可以作为实在标准的概念关系，并根据少量的简单元素来实现公式化，例如，经典物理学中的宏观规律都是通过这种分析得到的。第二个方法就是，我们也可以将一个稍大的整体分解为可以组织起来并可以根据某些概念关系得到公理化的实体。统计力学的微观规律都是足够著名的事例。刘易斯提出的第三个方法就是，我们总是可以将注意力局限于抽象的元素，并且将其余的作为不相干的而加以忽略。这就是说，如果给定的不属于任何存在的概念解释系统，那么我们正好就可以认为存在的范畴与确定给定的范畴是什么不相干，并且将给定范畴归类于不与任何存在范畴相互交叉的范畴。这必然会构成一种理解经验的方式，当然它也许是不充分的。这种做法在科学实践中并不少。化学中新元素的发现和生物学中新物种的发现都是这一点的好事例。

作为断言某些概念总是可以应用于经验的最终条件，刘易斯正确地发现了以下重要事实，即我们总是可以将算术的秩序附加于不可直接观察的随机经验。根据这些考虑，刘易斯得出结论：

> 我们使用概念的目的就是为了把握重要的、有意义的概括的主题，无论我们在什么层次上以及以什么样的方式。当具体概念不能起作用时，我们只能放弃它们——通过分析、组织或抽象等——以赞同我们所认识到的正确情况。概念一般必定无效，这是十分不可能的。试图设想一个经验或事态，使得每个发现稳固性的意图必定失败，就是试图设想不可设想的东西，即设想不会有的事物或客观事实，或

① C. I. Lewis, *Mind and the World-Order*, p. 352.

者服从于任何概括以使得所指称的符合概念。因此，必定与概念相对立的经验或实·
*在事实上是不能被设想的。*①
· · ·

这就是说，我们已知的具体概念也许不能产生真正的预言，但这并不能阻止我们根据呈现的给定经验和我们过去的所知而做出预言。事实上，我们总是能够根据它们的证实和证伪来修订我们的经验概括，使得我们能够做出的经验概括总是符合我们从经验中所知道的。在这个意义上，归纳的自修正性，就像我们在皮尔士关于归纳的非概率式辩护中所解释的那样，不仅从本质上确定了探求实在的过程，而且从根本上确定了做出经验概括的有效条件。这个条件在于给予我们的所有数据，以及事实上我们做出的经验概括能够根据进一步的经验发现得到校正。做出预言就是要以某种方式限制经验的可能性。既然我们在归纳的自修正过程中不能不做出某个预言，那么以下这一点就是不可能的：为了用概念来理解经验，我们就不应该以某种方式或别的方式来限定经验的可能性。关于这一点的唯一选择就是不能将概念运用于给定经验，因而我们将不能做出任何认知上的主张。事实上，我们并不能做出这种选择。因此，刘易斯关于经验的限定不存在选择（即没有知道实在的选择）的断定正是在上述分析下来辩护的。

根据本节开篇所引用的刘易斯的话，我们看到，刘易斯也主张 PA 对从过去到未来的归纳辩护是根本性的。刘易斯关于从过去到未来的论证的有效性所要求的，就像他关于一般经验知识的有效性所要求的那样，并非任何基于过去经验的具体预言都必定为真，而是来自过去的预言一般地为真；或者换句话说，有个来自过去的预言必定使得通过它我们可以确定实在是什么，除非无物存在。刘易斯阐述从过去到未来的论证的这一辩护根据了下列原则，即他所谓的原则 C："从给定过去到未来的统计预言一般地并非无效，因为凡是未来的都是已知的过去，反过来，凡是过去的都是某种未来。"②

一个来自过去的关于未来的统计预言是基于统计概括的，采取的形式是"比例为 r 的 M 都是 P"，而且是基于我们关于事实的知识而做出的概括，即 M 被观察为是 P 的比例为 r。这显然是做出概括的一个更一般的方式。因此，一个全称经验概括将会符合一个形式为"是 P 的 M 的比例"的统计概括。说一个从过去到未来的统计预言一般并不
· ·
是无效的，是说有些或至少有一个这样的统计预言必定是有效的。但进而问题就是，如何理解至少这样一个统计预言的有效性。这当然并不意味着我们必定至少知道一个统计预言是真的。然而，因为我们正好不知道这一点，所以我认为，这里的有效性应该在于，至少有一个统计预言必定是我们关于实在的知识可定义的而且必定使得我们关于实在的知识成为可能。既然可以假定凡是未来的都是已知的过去而凡是过去的都是某种将来，因此，如果我们主张来自过去的所有论证或预言都是无效的，故而这些论证或预言

---

① C. I. Lewis, *Mind and the World-Order*, p. 385.

② Ibid., p. 386.

不能成为我们认知实在的基础，那么我们将发现在由过去和未来组成的整个时间过程中我们并没有做出而且将永远不能做出任何有效的预言，因而关于实在我们什么都不知道。但根据刘易斯的观点，既然这是我们几乎不能设想的情况，而且既然某个概念应用于经验使得我们能够知道关于实在的某些东西这是一个根本性的原则，那么为从过去到未来的论证辩护的问题就可以被归为一般的为归纳和经验概括辩护的问题。即该辩护必须证明，不使用从过去到未来的论证，我们就不会有关于实在的知识。

因此，为从过去到未来的论证辩护包括：（1）一个有关我们关于实在的知识的、来自过去的统计预言之必然性的解释；（2）一个基于基本原则——根据某些感觉经验的呈现我们必须而且总是能够理解某些东西——对这一论证之有效性的定义。这样一个变化可以通过下列推理来展现：

（1）给定任一感觉经验，我们必定知道某种齐一性或某些东西的存在。

（2）但我们关于齐一性或某种东西存的预言总是采取来自过去经验的统计预言的形式。

（3）因此，给定任一感觉经验的情况，某些来自过去的统计法则的预言就必定与确定我们关于实在的知识是相关的。

上述推理所要求解释的是第二个前提，即关于齐一性的预言采取来自过去经验的统计预言的形式。一个关于齐一性的预言总是基于给定经验来做出的，但是一个给定经验并不是做出关于齐一性的预言的唯一条件。我们想一想，过去的经验也是做出一个关于齐一性的预言的条件。事实上，一般作为一个预言的给定经验总是可以被理解为我们凭借直觉或记忆能够确认为实在的东西。在这种情况下，预言的条件必定总是涉及过去的一些东西，而且不应该仅仅涉及某种"具体呈现"或"直接呈现的数据"。在我们所能认可的范围内，一个关于齐一性的预言总是采取来自过去的经验的预言形式①，上述推理在逻辑上是有效的，而且如果 PA 得到辩护，则从过去到未来的论证就得到了辩护。

就像我们已经指出的那样，基于 PA 为归纳和经验概括辩护，就是要认识到归纳程序对探寻实在知识是必不可少的，并且指出事实上如果我们拒绝一般的归纳和经验概括，那么我们将会拒绝概念应用于经验，因而我们也将会拒绝实在性，即通过刘易斯的实在概念被理解为可理解的事物和客观事实的东西。类似地，要为从过去到未来的论证辩护，根据刘易斯的观点，就要认识到这一论证对探寻实在知识是必不可少的，并且指出事实上如果我们拒绝这个论证，那么我们将会拒绝概念应用于经验，因而我们也将会拒绝实在性。换句话说，关于这一论证的辩护依赖以下事实，即否定这个论证就是要否定任一关于齐一性的预言的真或者否定万物的存在。因此，这个论证将必然产生实在

125

---

① 既然过去的经验是我们关于齐一性的预言的条件，那么就可以假设我们的确知道过去的经验是什么，因而记忆一般是有效的。的确，来自过去的论证的有效性预设了记忆的有效性。但是，从过去到未来的论证作为这样一种推论，即从被记忆确证为真的东西推出我们将之作为实在来接受的东西，与记忆毫不相干。

知识。

不重复我对刘易斯关于归纳和经验概括辩护的批判（这些辩护也应该应用于刘易斯关于从过去到未来的论证的辩护），也足以断言刘易斯关于从过去到未来的论证的辩护并没有真正地列举出从过去到未来这一论证是可信赖的理由。我做出这一陈述，仅仅因为：（1）必然预设我们有关实在的知识中的归纳并没有给出任何理由；（2）拒绝这个论证并不必然拒绝实在性，它仅仅拒绝了一种知道实在的方法。要为这个论证和归纳辩护，为了这一论证和一般归纳的可信赖性，我们的确可以求助某个独立条件，而不是求助在我们关于实在的知识中预设这一论证这个事实。但是，根据刘易斯的观点，无论归纳和经验概括是否包括从过去到未来的论证，它们都具有这样一个独立条件，我们在下一节将会看到这一点。

2. 刘易斯论归纳的实践成功性

我们来思考这样的问题：与概率或经验概括相符合的行动或预言如何必然比与它们不相符合的行动或预言更成功？这个问题是在上一章的第1节我们引述刘易斯的话时被提出来的。由于刘易斯似乎并没有将事物一般如何存在或世界一般如何有序的问题与归纳如何导致成功这个问题区别开来，所以他似乎将第一个问题的答案作为了对第二个问题的回答。他似乎认为，如果一种情况下的经验中存在某种齐一性，那么我们就可以总是比如果没有这种情况做出更成功的预言。

关于从过去到未来的论证的一般有效性，刘易斯直接作了如下陈述："就是说，无论谁通过成功观察的证实和失败来继续修正他关于一个统计概括的概率判断，比起在未来的期待中忽视过去，都不能不做出更成功的预言。"① 但这是假的：归纳的自修正性并不能确保与基于我们已知的经验概括相符合的行动或预言将会比并非与它们相符合的行动或预言更成功。的确，如果将刘易斯的陈述看作一种关于归纳和经验概括的实用主义用途，那么我在这一节所要指出的就是归纳和经验概括并没有上述意义上的这种实用主义用途，因而如果这样一种实用主义用途是对它们有效性的要求，那么我们就不应该相信归纳和经验概括。

为了证明在上述意义上来修正我们的经验判断比起不这样做具有更多实际的便利，刘易斯请求设想关于我们要求进行预言的最坏的可能经验。这个最坏的可能经验与我们基于归纳证据而做出的预言相反且相矛盾。所谓归纳证据就是我们在可辨识的经验情形中发现的模式相关性。根据刘易斯的观点，我们总是可以发现这些模式的相关性，是由于我们在抽象、识别、分类、分析和数值排序等方法的运用中展现了我们的智力。这

① C. I. Lewis, *Mind and the World-Order*, p. 387.

里，一个恶魔总是能够以尽可能的变化在经验中产生可辨识的情况，使得存在一个最小的可能性，即下一个序列将类似于已知的序列。但是，在这些可辨识的情况范围内，它们总是可以根据对我们来说是有意义的概念而得到描述。因此，我们基于这些经验中可辨识情况的预言在它们被证伪或根据进一步的经验被确定为假之前总是可证实的。

即使在经验中没有发现特别的秩序或相关性这种意义上经验总体上是随机的，我们还是可以在非常一般的意义情形下将其描述为"该经验几乎不可重复"等。这表明，只要给定某个经验，我们就总是能够做出预言，而且只要我们的经验概括表现为以给定经验为基础的某种概念形式的应用，我们就总是能够做出某个经验概括。但问题是：我们能够从这一预言和经验概括的可能性得出预言的必然性与经验概括为真吗？并非不可设想的是，当我们的预言总是可能的时候，它们的不可证实性将会发生，而且我们预言为真就不可能有绝对的断定。同样并非不可设想的是，对于任一经验概括，根据我们已知的情况来修正并不会导致我们做出比我们不这样做更成功的预言。

我们的确可以设想有两组人：一组根据他们已知的情况和归纳规则来修正他们的归纳结论，同时另一组并不按照同样的方式来修正他们的概括。进而能够想象的是，第一组会和第二组出一样多的错，甚至更经常地出错。当一个魔鬼总是产生不同于第一组预言和第二组预言的经验序列时，第一组就可能和第二组出一样多的错。当该魔鬼，抑或太坏的运气使然，总是产生不同于第一组预言但并非不同于第二组预言的感觉经验序列时，第一组将比第二组出错更多。因此，在具有这样一个魔鬼的玩纸牌游戏中，每次当我们要求赌他手里的下一张纸牌时，如果我们根据已出的牌来修正我们的预言，那么我们就可能总是输而不会赢，因此比起以别的方式预言会输掉更多的钱。所以，情况并不像刘易斯所想的那样，"他能够做的没有什么东西能够让他做出一个设计，使得如果我们能够聪明地观察到过去所处理的并根据积累的经验继续修正我们的赌注，那么我们就不应该输掉更少的钱"①。这里所说的只有被理解为下列情况时才是正确的，即断言：我们根据积累的经验来修正我们的赌注不会比我们基于修正的积累经验的预言使我们输更少的钱。但这样一来，该陈述就成为无人质疑的了。

上例足以说明，以我们从经验所知的东西为基础的预言的可能性，并不确保预言成功的必然性。可以说，如果预言的可能性不包含预言成功的必然性，那么它至少包括预言成功的概率。这里的概率当然并不依赖预言成功的必然性来解释。可以说，它仅仅指明了，根据我们所知道的东西做出的预言比不这样而做出的预言更成功，这是合理可信的。我们也可以说，基于经验发现来修正经验概括是对经验概括有效性的要求，这并非因为这将导致基于它们的预言成功的必然性，而是因为这是建立合理可信概括及其预言的充足理由的一种方法。在概率的这个意义上，我们按照过去经验比不按照过去经验会

___
① C. I. Lewis, *Mind and the World-Order*, p.389.

做出更成功的预言的概然陈述，这与我们按照过去经验比不按照它们将做出更成功的预言的错误陈述是一致的。当一个合理可信的预言失败时，这个失败就是一个总是与特定预言的合理可信性相一致的真正解释。

尽管归纳和经验概括的可信赖的充足理由并不存在，但我们现在还是可以在归纳必定导致预言和行动的实践成功的意义上总结出它们的实用主义用途。当归纳在必定产生成功的预言或行动的意义上实际有用时，我们说归纳是在强的意义上有实用意义。即使归纳不能在强的意义上有实用意义，它还是可以在弱的意义上有实用意义。归纳在弱的意义上的实用意义依赖这一点：归纳和预言都代表了我们的一种实际态度，并且它们都是满足我们理解世界和改变自身以适应世界的有目的的活动。但我们的归纳和预言是否能使我们成功地改变世界，这是另外一个问题。在这个弱的意义上，知识和预言的实用意义并非它们必须满足我们的实际利益，而是它们总是可能的，并且能够以存在一个合理的基础使我们相信它们将概然地满足我们的实际利益的方式而得到阐述。关于归纳和概然知识的辩护进而不得不有赖于将预言和概括的合理基础作为概率来进行提供与阐述。

第十三章 对刘易斯关于归纳的"先验分析式"辩护的评述

刘易斯对关于归纳的"先验分析式"辩护的论证可以被概述为下列三段论：

（1）如果有物存在，那么我们能够做出某个真的经验概括；

（2）有物存在；

（3）因此，我们能够做出某个真的经验概括。

这个论证是"先验分析的"，因为刘易斯认为，该论证的前提是"先验分析的"或必然的真理。第一个前提是必然真的，因为它是刘易斯在他实在论中关于事物或实在之存在的定义的一部分，根据这一点，实在是由可理解的事物和客观事实或通过经验概括可预言的可能经验的有序序列组成的。第二个前提对刘易斯来说也是必然的，因为它在必然性的下列含义下是必然的：如果我们不能设想无物存在，那么必然有物存在。根据刘易斯的观点，说无物存在就是说我们不能将概念应用于经验。因此，说我们不能设想无物存在就是说我们不能将概念应用于经验是不可设想的。如果我们总是能够将概念应用于经验，那么当我们将概念应用于经验时，我们将会说这些概念为真的某物是存在的。

因为事物和客观事实是根据概念而被理解的经验，所以刘易斯对关于归纳的"先验分析式"辩护的论证就变成了下列情况：

（1）如果某个概念能够应用于经验，那么我们就能够做出某个真的经验概括；

（2）某个概念总是能够应用于经验；

（3）因此，我们能够做出某个真的经验概括。

在第十一章对刘易斯关于归纳的"先验分析式"辩护的讨论中，我们对刘易斯的论 证做出了两点批评。这里，我们以上述列出来的任何一种形式的三段论来回顾一下对刘易斯论证的这些批评。

对刘易斯关于归纳和经验概括的"先验分析式"辩护的第一个批评是这样的。在关于归纳和经验概括对我们关于实在的知识来说是必不可少的而且被预设在我们关于实在的知识中的证明中，刘易斯没有认识到这并不是归纳之可信赖的恰当理由。换句话说，刘易斯没有将包含在其论证中的下列两个论题区别开来：

（1）对我们将实在知识定义为经验（包括经验概括）的概念性解释来说，归纳和经验概括是必需的，而且归纳和经验概括有助于我们将实在知识定义为经验的概念性解释。

（2）它们对我们关于实在的知识是必要的而且是有帮助的，因为我们关于实在的知识不是基于归纳而是基于别的独立理由而可信赖。

根据第一个论题，人们可以简单地认为，真的经验概括就意味着实在知识。但这并不是关于归纳和经验概括的辩护，因为断言真的经验概括为实在知识是重言的。该悬而未决的论证总是可以提出这样的问题：归纳和经验概括有助于真的实在知识吗？或者简单地说，它们真的真吗？

关于第二个论题，如果归纳真的有助于实在知识——它的可信赖是基于别的独立理由而不是归纳，那么我们当然可以为归纳和经验概括辩护。但是，刘易斯发现了这样一个独立理由吗？我们已经看到，刘易斯已经证明，归纳是有实际价值的，因为它将导致更成功的预言而不是相反。使用归纳比不使用归纳将导致更成功的预言肯定是归纳可信赖的理由，这独立于归纳被预设在我们关于实在的知识中的事实。但刘易斯没有证明，这样一个理由因归纳而存在。因此，情况似乎是，如果归纳是完全有实际价值的，那么它不应该在致使我们用归纳比不用归纳更成功的意义上有实际价值。

关于我们对刘易斯论证的第二个批评，我们事实上可以承认，刘易斯在上述三段论的每一种形式的论证中都应该建立了归纳的有效性，但仍然存在的问题是，我们是否有任何理由相信其潜在的实在论，即我们是否有任何理由相信我们理解为通过归纳预言的可能经验序列存在。我们已经对这一实在论提出了一个强烈的反对意见。我们已经表明，即使不知道我们的陈述是否为真，断言有物存在也是明智的。因此，以下断言并非必然：如果有物存在，那么基于概念应用于经验的某个经验概括必定为真或者能够为真；或者等价地说，如果不能做出有效的归纳，那么无物存在。我们可以加上这样的话，无物存在或者没有概念是经验上的真甚至是不可设想的。因为就像我们已经指出的那样，可以设想我们的世界也许仅仅是一个机会世界，其中每个事物都跟着每个别的事物等频率地出现，因而刘易斯的原则 A 是假的。甚至刘易斯已经提出，也许存在着一个经验，即"一个仅仅配置了无意义的呈现物"①。如果我们都有这样一个经验，那么归纳都不会是真的，因为我们的概念将指称一个空类。

在这一点上，我们可以将刘易斯关于归纳和经验概括有效性的"先验分析式"论证与皮尔士关于设想一个机会世界的先验不可能性的论证进行比较。首先，我们可以发现，对皮尔士来说，机会世界的概念在逻辑上是自相矛盾的，但对刘易斯来说，机会世界的概念是这样一个世界的概念，在其中我们必定不能成功地预言经验中任何事物存

132

---

① C. I. Lewis, *Mind and the World-Order*, p. 378.

在。其次，皮尔士的论证包括了这样的事实，即我们的世界必须具有某种齐一性，因而事实上在我们的世界某个归纳结论可以是真的。在刘易斯论证的情况下，为何不能设想我们的世界为机会世界的理由就是为何不能设想我们的世界是具有齐一性的世界的理由，其中齐一性可以被理解为可能经验的有序序列。刘易斯说明了我们世界的齐一性如何产生于将概念应用于经验的步骤，而皮尔士并没有这样做。这个差异应该解释了皮尔士和刘易斯之间根据先验证据进行归纳辩护的不同：皮尔士主张归纳是有效的，因为在我们的世界存在能够通过归纳发现的齐一性；然而，刘易斯主张归纳是有效的，因为我们总是能够将概念应用于经验并且能够通过知道概念应用于经验的结果来断定我们世界的齐一性。然而，二者都没有为归纳和经验概括的可信赖给出充足理由，因为二者都没有建立他们打算的论题，即归纳必须发现我们世界的齐一性，而且归纳所发现的必须是我们世界的齐一性。

　　这里，可以增加对刘易斯"先验分析式"论证的第三个批评。即使我们承认关于归纳和经验概括之一般有效性的这一论证是有效的，但它仍然太过一般以至难以令人满意，原因是它并不能证明，我们如何才能给出任一具体经验概括之可信赖的理由。

　　从任一给定感觉经验的呈现中必定存在着可理解的事物这个原则出发，并不能推出任一具体经验概括必然为真。换句话说，承认我们必须有某种实在知识，同时仍然可以设想任一给定的具体经验概括为假，并且我们并不知道是什么样的理由使得我们能够确信一个具体经验概括。例如，承认我们的确有某种关于外在世界的知识，同时可以设想"所有天鹅都是白的"这样的经验概括为假，而且即使它是真的或可信的，我们也的确不知道其为真或可信性的理由。同样的情况，承认有一个概念系统必定适合描述一个给定的感觉经验集合，同时仍然可以设想一个给定的概念系统并不适合这样一个描述，而且我们并不能够知道哪个具体的概念系统适合这样一个描述。

　　在做出最后的批评时，我们事实上指出了两点：首先，说归纳和经验概括与确定我们关于实在的知识是大体相关的，并不为我们确信一个给定的经验概括或者接受一个给定的实在概念提供任何具体的理由。因此，一个关于归纳和经验概括的一般辩护并不解释一个给定的经验概括或一个给定的概念系统的有效性。其次，说一个具体的经验概括是可信的或一个具体的概念系统是可接受的，我们必须为我们的断定假设某个充足的理由，而不是假设我们总是能够在感觉经验的呈现中来理解事物和客观事实。但是，这一充足理由目前并不清楚。这表明，我们需要某个或某些原则来阐述这一充足理由的大体内容，因而通过它们我们就可以解释为何一个给定的经验概括必定是真的或合理可信的，或者为何一个概念系统必定是可接受的并且对于描述实在是合理可信的。我们对刘易斯关于归纳和经验概括"先验分析式"辩护的批评部分就是：这个或这些原则全部不是由他的理论来提供的。他的辩护在这个意义上太一般了而不能令人满意。

　　在这一点上，我们可以回顾一下我提出的我们必须阐述的标准，通过这些标准我们

133

134

可以确定归纳结论为真和为假。用这些标准，我们不仅能够确定一个给定的具体归纳结论是否有一个充足理由，而且可以通过断言归纳法导致符合这些标准的结论而为归纳法的一般可信赖辩护。因为这些标准被如此阐述，即断言一个归纳结论满足这些标准但却合理不可信赖与我们的合理性概念相矛盾，进而提出为何归纳应该是合理可信的这个问题就是最不合适的。因为这些标准并不被任何归纳所预设或包括，所以通过求助这些标准来为一个归纳结论辩护并不是没有意义的辩护。

在我们对皮尔士关于归纳的非概率式辩护进行结论性评述时，我已经提出公平抽样原则——在公平的一种合适的意义上——应该是一个充分证实了的、良好的标准，因为它在公平的一种合适的意义上对于确信一个基于公平样本的归纳结论应该是适当的或合理的。因此，我们可以认为，公平抽样原则将为一个具体经验概括或一个具体概念系统的可信赖或可信性提供一个充足理由：如果一个经验概括或一个概念系统是在公平的一种合适的意义上根据公平样本（或公平样本集合）建立的，那么它就是可信赖的或可信的（因而是有效的）。一般说来，公平抽样原则可以显露出对任一具体的经验概括产生影响，而且对于确定一个基于具体理由的具体概括具有真正的作用。进而可以设想所有具体经验概括的有效性存在于下列前提的真理中："这个样本 A 是公平的""这个样本 B 是公平的""这个样本 C 是公平的"等。类似地，为了确定一个具体概念或一个具体概念系统应用于经验的有效性，我们可以发现各种公平样本作为基础，以为具体概念系统应用于经验都可以包括于其中的假设或假说辩护。关于公平样本是如何被具体化为假说的，我已经在第八章第 4 节说明了。

135   最后必须指出，尽管我们批评了刘易斯关于归纳和经验概括的"先验分析式"辩护，但这一辩护还是做出了一个重要贡献，根据理论分析的观点，刘易斯揭示了我们关于实在的知识的本质。我们已经看到，刘易斯不赞成休谟反对归纳的有效性，刘易斯实际上已经表明，当我们提出一个法则是否是经验真理这个问题时，除非我们先验地对经验规定某种分类，否则我们几乎不能知道我们谈的是哪种事物。提出一个问题或者阐述一个经验概括或法则的意义依赖提出该问题或者阐述该经验概括的概念框架。在这个意义上，归纳和经验概括的可能性预设了某种特定的分类原则系统或某种特定的概念框架。这里需要指出的是，如果没有那些分类原则我们就不能理解实在是合理的，那么这一事实必定为归纳和经验概括的有效性提供理由。归纳和经验概括的有效性应该从这样的事实中得出，即它们都预设了那些原则并且通过它们自身的方式来理解经验。进而，一个经验概括必定为真而另一个经验概括必定为假的理由应该是，一个符合给定的分类原则系统，而另一个则不符合。

第十四章　概率的本质与合理可信性

1.　一般性评述

如上所知，要反驳休谟式怀疑论者的其他论证，我们必须确定地知道经验陈述为了
成为有效的陈述必定是真的，刘易斯主张经验知识作为概然判断的有效性是要得到确保
的。既然经验概括需要接受检验并且需要根据进一步的经验发现来修正，那么我们就应
该主张它不是必然的而仅仅是概率的。这里的问题是，这一概率是否可以确保我们对经
验概括或法则的信念。通过因为经验知识不是必然为真而将其当作无效的加以拒绝，像
很多别的哲学家所通常所做的那样，怀疑论者提出，某个原则如自然齐一性原则对于达
成使经验知识有效这个目的是必不可少的。刘易斯对这一问题的回答是，这样的原则对
那个目的来说并不是必不可少的。他认为，不可能合理地证明经验知识必须与客观事实
相对应或者预言必定是准确无误的。

事实上，他认为要求这样一种证明是荒唐的；对经验概括的有效性来说，根据真正
建立它们的概然性就是充足的。

刘易斯在《心灵与世界秩序》中采用了这样的观点，认为概率尽管非常不精确，但
还是足够充分地表明，概率对确定和定义相关的经验证据来说是一个具有可信性或可信
赖的东西。他说：

> 这里一个普遍的猜测似乎是，只要存在着不符合该法则的自然事实，我们关于
> 万有引力法则的知识就是无效的。但是，如果这是概然知识，那么其有效性并不要
> 求这样的一致就是非常简单而明显的事实。判断"A是B是概然的"并不要求A是
> B为真理，它只是要求这应该是真正概然的。①

因此，刘易斯断言，当判断"A是B"将会绝对为假时，我们的判断"A是B是概然
的"能够绝对为真。这表明，当我们判断"A是B是概然的"时，即使事实上A不是

---

① C. I. Lewis, *Mind and the World-Order*, p. 325.

B，我们的知识 A 是 B 也有效。将"A 是 B 是概然的"这个判断的有效性诉诸概然为真的东西和客观事实之间的一致的怀疑论者否定了这一点。因此，他要求将经验概括的真作为我们断言该经验概括的根据。根据刘易斯的观点，这是错误的，因为我们的经验认识缺乏真正的认识根据。我们的经验概括作为概然判断并非绝对有效，而是相对于数据有效。因此，他得出结论说，一个概然判断是有效的，只要该概然判断和其前提之间不存在逻辑错误，因此：

> 在有效性和真之间的概然推论情况下，不存在差异。判断"A 是 B 是概然的"所断定的，并不是"A 是 B"或者（除了前提所断定的）任何别的客观事态持续不变。它断定的是，"A 是 B"有基于某个数据的某个概率。如果该数据是真实的，那么该概率就是"真实的"；如果该数据仅仅是假设性的，那么所指派的概率就具有这一假设性的特征。但是，除非存在着逻辑错误，否则该概然的判断不仅有效而且绝对为真。概率没有各种真，没有有效性，没有任何类型的含义，除此而外，没有任何别的需要说明。①

换句话说，根据刘易斯的观点，概率判断所要明确的是经验概括与我们断定它的根据的关系，它并不指称任何客观事实。尽管经验概括自身并不指称具有时间范围的某物，但是其有效性的根据并不是它的所指，而是使得我们断定该经验概括为真的东西。在这个意义上，概率意味着我们接受一个经验概括为具有客观所指的合理根据。因此，一个概率判断是独立于经验确证而得到认识和阐述的。这就是说，一个概率判断并不是一个经验陈述。在这一点上，人们在什么意义上提出这个问题，或者经验概括如何才是真正概然的，而且相对于其条件和给定数据来说，我们如何有理由认为它们是值得依赖的。对这些问题的回答，我们将会在讨论刘易斯《对知识和评价的分析》一书所阐述的"概率的可信性理论"时一一揭开。

在上述提到的作品中，刘易斯是在两种意义上来定义概率的：（1）概率应该基于合理根据被理解为经验概括的合理可信性，它使所做出的经验概括是合理可信的；（2）概率应该被理解为一个有效的频率估算（合理期望值），即基于合理根据的一个频率估算。刘易斯得出这个观点作为其批判性考察所谓概率的经验理论和概率的先验理论的一个结果。将二者有机地结合起来，同时也避免了各自的困难。因此，这有助于我们通过考察概率的经验解释和先验解释来讨论刘易斯的"概率的可信性理论"。

2. 概率的经验解释

根据概率的经验解释，陈述"p 是 q 相对于 a/b 的程度是概然的"的意思是，在 p

---

① C. I. Lewis, *Mind and the World-Order*, pp. 331-332.

138

类中事例 q 在长期经验探究过程中以 a/b 的频率发生。因此，这里所陈述的是，这一概率理论在本质上与我们在第六章第 2 节所考察的皮尔士的经验概率观点相同。根据刘易斯的观点，关于概率的这个解释发现了它的作用，当因在过去经验中成立而建立起来的、具有一定保证度的某个相对频率可被延伸到未来时。根据这个解释，进行一个概率陈述等价于在必须进行一个可接受的统计概括的情况下进行一个统计概括。因为陈述"p 是 q 相对于 a/b 的程度是概然的"，其意义等价于经验陈述"在 p 类中存在 a/b 个元素具有特征 q"。但是，刘易斯指出，在这个意义上做出一个概率陈述的可能性依赖下列归纳原则："在一个良好定义类中的任意特征的发生率，可被近似地陈述为一般类事例所具有的特征的发生率。"① 根据这一事实，显然，概率的经验解释并不能基于一个概率陈述来说明一个归纳的有效性，但必须假设它来为其辩护在断定一个归纳或归纳规则的一个统计概括的有效性时，我们假设归纳是有效的，而且这是循环论证。

　　这样的循环论证甚至在显而易见的归纳的先验辩护中可以发现，其中概率的经验频率理论被以一种非常微妙的方式引入。这里，归纳的先验辩护是将大数逻辑法则作为一个解释，解释为什么我们通过对一类的抽样而积累起来的经验在某方面应该近似于该类的客观特征。"如果在一定比例的情况下有一类具有某个特征，而且我们对该类进行抽样，并将我们的发现积累起来作为这一特征的表现和呈现，那么我们所积累的经验'应该'进一步近似于相应被考察的该类的客观特征。因为比起不够密切的代表来，密切的代表整个来看存在更多需要选择的样本。"② 我加上了着重号的陈述是对大数逻辑法则的一个阐述。该法则可以作为我们为什么必须通过连续抽样逐渐地接近总体的客观构成的理由。为了做出关于总体的构成比率之有效结论的归纳推论，我们必须表明一个条件或标准，通过它我们就可以运用大数逻辑法则作为给定推论为什么必定有效的理由。频率主义者为了这个目的而提出的条件或标准就是：未观察事例 p 将是事例 q 的概率为 m/n，当且仅当该发现的累积对应将进一步表明越来越小的最大差异值，即后来在累积频率比率序列中发现的均值频率 m/n。③ 这表明了频率序列聚集的要求。通过要求经验发现的累积对应将进一步表明频率比率序列中的从均值频率开始的越来越小的最大差异值，这个标准已经假设了经验频率比率序列将会接近给定的均值频率 m/n 作为界限。因此，这再一次假设了概率的经验解释，因为正是概率的经验解释要求一个界限的限定值是通过频率值序列在经验中被接近的。

　　如果频率主义者回应说，确定一个序列的概率不需要进行归纳，但必须发现该序列的界限，那么用这种方式来确定一个序列界限的最严重的障碍就是，一个连续的经验频率序列不必接近一个界限，因为这个界限可能不存在。而且，即使这个界限存在，有穷

① C. I. Lewis, *An Analysis of Knowledge and Valuation*, p. 273.
② Ibid. , p. 274.
③ Cf. , ibid. , pp. 275－276.

的探究过程也不会必然发现这个界限。一个连续的经验频率序列并不是通过数学规则产生的，而是由相应的经验发现来确定的。尽管我们可以认为，一个经验上可确定的频率序列可以聚集于一个界限，事实上可以假设是 m/n，对于序列中越来越靠后的点，从过去经验所确定的概率 m/n，存在着越来越小的最大差异值 e。而且假设，对于任意一个数 e，无论多么小，都存在序列中的一个点，其中任意一个后面的数的 m/n 的差异值（正或负）都小于 e。① 然而，对于序列中越来越靠后的点，存在着迄今所知道的均值频率越来越小的最大差异值，我们从观察到一个点并不能必然地做出预言。我们也不能必然地知道，对于任意一个数 e，无论如何小，都存在实际序列中的某个点，其中均值频率的差异值小于 e。因此，我们甚至不知道一个经验序列中的一个界限的存在。我们的确可以说，我们的预言是根据已观察序列似乎倾向于一个界限而得出的，其中我们可以根据迄今已知的均值频率来估值，而不是根据在长期经验探究过程中我们知道这个序列的界限或客观频率。简言之，我们的预言是根据已知频率做出的，是关于整个序列的概然地真，因此它并不是必然的，而是相对于已观察序列仅仅是概然的。进而，我们有了在陈述中定义该新词"概然的"这个问题。

总之，根据概率的经验解释，如我们所看到的，一个概率陈述成为了一个其有效性依赖归纳之有效性的统计概括。我们不能通过在长期经验探究过程发现其为真来为统计概括辩护。进而，对于任一给定的经验频率序列 S，可设想的是，S 将不会聚集于一个界限，或者如果 S 将聚集于一个界限，那么它将不聚集于该统计概括所预言的界限。因此，统计概括可以在最大程度上通过概率来断定。如果我们还是根据经验理论来解释概率，那么通过断言一个给定统计概括是概然的，我们就能够做出另一个新的统计概括，即我们从长期经验探究过程中给定统计概括的已知真频率来产生，等等，以至于无穷。"因此，"刘易斯辩护性地得出结论："当与一般的问题相冲突时，我们将要明确或表达的是信念的认知状态，这些认知状态有一些辩护但不完全确定，我们发现，其概率的经验解释并不提供一个一劳永逸的解决，而只是一个长期螺旋式过程的开始。"②

3. 概率的逻辑解释

要避免概率的经验解释所阐述的困难，当它被用于作为经验概括的有效性或合理可信性的一个合理基础时，我们必须在一种不同的含义上来解释概率。根据刘易斯的观点，概率的这一不同的含义是通过概率逻辑的或先验的解释得到的。

在先验的解释中，概率被设想为归纳结论和其前提或数据之间的一种逻辑的、先验可确定的关系。因此，逻辑理论家理解概率陈述"p 是 q 相对于 a/b 的程度是概然的"

---

① Cf., C. I. Lewis, *An Analysis of Knowledge and Valuation*, pp. 276—277.

② Ibid., p. 289.

的意思为，某些给定的前提或数据"D"确保我们以概率 a/b 断定命题"p 是 q"，这根据有效的或正确的概率规则是可确定的。大概来说，有效的或正确的概率规则就是来自经典概率演算的那些规则。根据刘易斯的观点，其中之一就是等概率规则。这一规则对于定义什么是概率最为相关："如果两个选择 P 和 Q 相对于总体的给定数据来说是对称的，那么 P 和 Q 对这些数据来说就是可等概率的。"① 事实上，这一规则断言，如果我们没有理由认为一个给定选择比另一个给定选择更可接受，或者如果我们没有更多的理由认为一个给定选择比我们作别的选择更可接受，那么这些选择就都是同等可接受的。②

142

传统概率作家如拉普拉斯、凯特勒（Quetelet）和布尔（Boole）③ 都采纳了上述等概率规则作为认识论主张的辩护规则，如"明天要涨潮的概率为 50%"，根据无知或无差异性，该陈述可被表达为"谁都没有理由假设明天不涨潮或假设明天涨潮"。与经验频率主义者相一致，刘易斯认为这个等概率规则并不能使我们仅仅从无知来决定概率。他正确地观察到，这个规则并没有这样的实际作用。也就是说，在没有将一个概率归因于一个陈述的情况下，我们就从无知或无差异原则出发。因此，我们绝不会在实践中仅仅根据我们对潮汐的无知而做出明天要涨潮的概率为 50% 的陈述。如果我们对潮汐毫无所知，并且我们也没有更强的理由来假设明天涨潮而不是不涨潮，那么我们就可以根据我们关于潮汐的知识来做出关于明天涨潮的概率判断。

刘易斯进一步指出，做出那样的假设是错误的，因为我们并不能根据无知或无差异性来确定等概率，我们根本不能建立等概率。事实上，如果过去的经验已经表明存在一个事件集合的等概率，那么我们就总是能够根据过去的经验来确定这个事件集合的等概率。与第六章第 3 节中皮尔士对这个规则的批评相联系，我已经表明，刘易斯得出了下列观点：皮尔士的批评仅仅击中了一个稻草人，因为他的这种假设——我们没有关于一个事件的任何直接的或间接的知识，也可以做出关于这个事情的任何概率判断——是错误的。在实践中，我们不能根据"纯粹的"无知来确定概率或等概率。我们总是知道一些关于我们经验的东西，而且我们过去的经验总是为我们提供关于事件如何分类以及关于根据可接受的标准基于经验频率如何评估它们的概率的线索。

143

根据刘易斯的观点，除了将等概率规则（解释为无知或无差异规则）作为确定一个概率的有效规则，经典的先验概率论还坚持下面的观点：概率是被判断为概然的东西和判断以之为基础的数据或前提之间的一种逻辑的、先验可确定的关系。例如，如果太阳明天将会升起这样的陈述被判断为概然的，那么我们就必须主张或断定这一陈述指称某个给定数据（例如，那些关于过去太阳已经升起的事实）。基于此，就可以根据概然推

① C. I. Lewis, *An Analysis of Knowledge and Valuation*, p. 266.

② 这里，我采用了关于这个著名的无差异原则的一个自由解释，而且根据选择的可接受性来解释等概率，这意味着如果我们需要赌的是相等的选择，那么我们将愿意一个选择接着一个选择地赌。

③ 关于经典概率论的简明陈述，参见 Ernest Nagel, *Principles of the Theory of Probability*, Vol. 1, No. 6, of *International Encyclopedia of Unified Science*, 1957, pp. 44—48。

论之有效的或正确的规则来判断该陈述为概然的。① 这样，一个概率陈述就总是一个阐述与某个给定数据相关的归纳结论的陈述，这一关系的有效性或可信性是由一个概率规则来保证的。因此，根据先验论，证明归纳的有效性就是证明按照概率的一个有效规则从某个给定数据得出一个概然结论的推论，这个规则确保我们断言在推论的结论和数据之间存在一种逻辑的、先验可确定的关系。

经典概率作家该如何阐述和辩护他们的概率规则，这还是一个悬而未决的问题。刘易斯将会如何阐述和辩护这些规则，这更是一个悬而未决的问题，因为他尚未对这个问题给出任何说明。但是，在我们接受以上述形式给定的概率的逻辑解释的范围内，我们能够得出结论说，归纳是一个概然推论，或者一个与其给定数据相关的归纳结论不必假设归纳本身的有效性。我们可以说，归纳的有效性仅仅在于其结论的概率，这一点可以根据概率的有效规则，通过结论和给定数据或前提之间的逻辑的、先验可确定的关系得到表达。

4. 合理可信度、公平抽样与逻辑概率

144　　刘易斯在考虑作为能够表达一个归纳结论和以之为基础做出这个归纳结论的各种根据或各种数据之间的一种逻辑的、先验可确定的关系的概率陈述中，同意逻辑概率论。但是，如我们所看到的，他反对逻辑理论家的如下假设，即无知或无差异性是确定一个事件之概率的有效根据。在刘易斯将过去的频率作为概率的一个有效归纳的范围内，刘易斯也同意根据归纳来估算概率的经验频率主义。刘易斯自己所采纳的立场是，将经验的理论和逻辑的理论相结合，即概率是基于过去经验的已知频率而被确定的，但合理根据必须是已知频率能够按照概率的有效规则在逻辑的、先验可确定的关系中成立。换句话说，一个特征 p 相应另一个特征 q 的断定频率 a/b 成立，当且仅当给定根据或数据使得该主张合理可信，即频率事实上就是 a/b。这样一个主张的合理可信性表明，对于在逻辑的、先验可确定的关系中成立的给定频率，存在一个合理根据。每个作为频率而被表达的概率都必定指向这样一个根据，它使得该频率表达一个总体的客观构成比率是合理可信的。

通过上述方式，刘易斯将概率定义为根据给定数据做出的对频率的有效估算。他说："4 的一个给定事例将是 φ 的一个事例，这被确定为具有 a/b 的概然度，当且仅当根据给定数据事例 4 中有事例 φ 的频率被有效估算为 a/b。"② 说频率是根据给定数据被有效估算的，就是说它是根据给定数据的合理可信性而被确定的。频率估算的有效性是一种相关于给定频率的根据或数据来说可确定的合理可信性。

---

① 在这种情况下，我们有著名的拉普拉斯连接规则，该规则陈述：给定一个在 n 次观察中已经发生 m 次的事例，该事例下一次将发生的概率为 m+1/n+2。

② C. I. Lewis, *An Analysis of Knowledge and Valuation*, p. 291.

显然，仅当一个经验频率是在对做出一个合理可信的估算或评估来说是充分的根据的基础上做出的、关于某个未知的客观频率的估算或估算时，该频率才可被定义为"一个给定事例ψ将是一个事例φ"形式的单一陈述的概率。因此，如果"m/n 的 ψ's 是 φ's"形式的统计概括是根据某个合理根据 D 被断定的，那么我们就可以定义 m/n 为相对于给定的合理根据 D 的"一个给定事例ψ将是一个事例φ"形式的单一陈述的概率。下面来自刘易斯的引文将说明我们关于刘易斯的一个频率估算与使得这个估算合理可信和有效的根据之间的逻辑关系的观点所说明的：

> 当我们通过分数 a/b 来测量事例ψ将会是事例φ以判断概率时，我们这样做是可辩护的仅仅因为某个根据，即事例ψ中有事例φ的频率也是通过 a/b 来测量的……这意味着的是，这里的概率得以成立，当且仅当给定判断的根据使得这个判断是概然的（可信的、合理可信的），即事例ψ中有事例φ的频率是 a/b。①

> 适合那些不太确定的但却得到了一种确保或一种辩护的经验性信念的认知情况的某种唯一可能的说明是这样一种说明，即它将把概率与某个事实等同起来，当这个事实以之为基础而被判定的数据被给出时，这个事实是先验可认知的。从根本上说，信念的合理可信性仅仅依赖所相信的支持前提和它与这些前提的某种关系，这些前提是一般的逻辑关系类型的前提。②

> 如果我们断言，事例ψ将是事例φ的概率为 a/b，当且仅当事例ψ中有事例φ的频率被根据给定数据有效地估值为 a/b，那么我们就必须观察该频率的这一估值自身仅仅是合理可信的，而且其可信性程度（实际频率与估值相吻合）并不是事例ψ将是事例φ的概率 a/b。该频率作为根据给定数据的估算这一合理保证的程度，是我们所谓概率确定的可依靠性的一个方面。③

简言之，断言一个频率估算是有效的就是说，它是根据适当的数据或前提得出的，因而是合理可信的或可依靠的或可信赖的。一个有效频率估算的完整陈述进而可以采取下列形式："事例ψ中有事例φ的频率是来自数据 D 的有效估值 a/b。"④ 通过称一个频率估算为"期望值"或"合理期望值"，通过基于可信性来解释其有效性，刘易斯以下列方式重新阐述了一个概率陈述："具有形式ψ且将具有形式φ的 c，基于数据 D 是可信的，具有期望值 a/b 和可依靠性（可信性）R。"⑤ 既然"期望值"显然是来自已知经验频率的一个统计概括，那么我们也可以将上述陈述阐述为如下形式："事例φ是事例ψ的频率为 a/b 的这一统计概括具有基于数据 D 的程度 R 的可信性或可依靠性。"于是，显然，

---

① C. I. Lewis, *An Analysis of Knowledge and Valuation*, p. 289.
② Ibid., p. 290.
③ Ibid., p. 292.
④ Ibid., p. 296.
⑤ Ibid., p. 305；Cf., p. 296.

归纳的有效性一般可以被看成在于统计概括和以之为基础断定该统计概括为可信的数据之间的一种可信性关系。

就上述形式来说，可信性陈述非常类似于逻辑理论中的一个概率陈述："p 是 q 基于数据 D 是概然的。"如上所述，逻辑概率论中的概率是根据有效规则被确定的。但我们已经看到，这些有效规则是什么还是一个悬而未决的问题。在刘易斯关于概率的可信性解释中，如何确定一个统计概括和其合理根据之间的可信性关系也还是一个悬而未决的问题。我们能够问的是：我们可以用什么样的论证来证明，一个有效的或可信的频率估值和其合理根据之间的关系是一种逻辑的、先验可确定的关系？刘易斯基于合理可信性来讨论的概率概念并没有给回答这个问题提供任何暗示。在这一点上，我还是认为，皮尔士从公平样本来论证概然推论的有效性是有帮助的。下面就来说明这一点。

我们可以将有穷序列 S 中的已知经验频率作为相应抽样的性质的构成比率，而且将 S 是一个适当部分的序列中的客观频率作为具有相应给定性质的总体的构成比率。进而，一个基于已知经验频率的统计概括或频率估算就可以被认为是一个来自样本的推论，而且一个有效的经验概括或一个有效的频率估算就可以被认为是一个来自公平样本的推论。在基于有效估算或统计概括被断定为构成一种适当意义上的公平样本的数据范围内，有效频率估算和数据之间的关系必定是一种逻辑的、先验可确定的关系，正是在该含义上，对以给定数据为根据的估算的断定是基于一个关于来自公平样本的总体的构成比率的结论的逻辑推论，这与大数逻辑法则相一致。因此，要证明或阐明有效统计概括和其数据之间的确存在一种逻辑的、先验可确定的关系，我们可以根据我们在第四章中与皮尔士对于归纳有效性的概率式论证相联系所给出的证明，来实现刘易斯"可信性"的意义。

可信性和逻辑概率的对应关系进而可以被呈现如下：

（1）一个频率估算在具有合理根据的情况下是可信的。

（2）一个频率估算在公平样本的基础上是逻辑概然的。

上述的（1）表示了基于合理可信性的归纳有效性，而这又是以某种合理根据为基础的，而没有给我们关于归纳结论是如何与其前提或数据相关的任何思想。另外，（2）指出了，只要在拉普拉斯意义上来理解"逻辑概率"，只要在适当意义上来理解公平样本，作为一个归纳结论的频率估算就与它作为公平样本来实现的合理根据逻辑上相关。在这个意义上，我们可以说，（1）中的"可信性"是一个由（2）中的"逻辑概率"这个术语来阐述的待解释术语。①

然而，断言（1）中的"可信性"，是一个由（2）中的"逻辑概率"这个术语来阐述的待解释术语，并不意味着"可信性"一词的所有意义或含义都是通过"逻辑概率"

---

① 这里的"可信性"（credibility）并没有直接出现在（1）中，而是与（1）中的"可信的"（credible）相对应；同样，"逻辑概率"（logical probability）并没有直接出现在（2）中，而是与（2）中的"逻辑概然的"（Logically probable）相对应。——译者注

这个词来解释的。它仅仅意味着"可信性"的某个重要意义是通过"逻辑概率"这个词来解释的。这个重要意义就是：说一个频率估算是有效的或可信的就是说，该估算基于构成公平样本的给定根据是逻辑概然的。使得一个频率估算有效的重要问题是要证明其根据或数据是否构成了一个公平样本。因此，确定样本公平性的标准肯定构成了为了各种归纳问题而确定频率估算可信性的标准，这就要求频率估算将是基于给定的或可发现的经验来做出的。因此，只要样本是公平的，频率估算就是逻辑概然的；只要公平样本构成了做出频率估算的合理根据，频率估算就是合理可信的。因此，整个归纳辩护问题可以归结于制定适当的标准以确定公平样本，以及确定各种频率估算的可信性。

第十五章　确定合理可信性的标准

1.　关于确定合理可信性的标准的问题

即使任一可信的经验概括都可以根据公平样本的建立来实现，而且这一概括在这个意义上的可信性可以通过来自公平样本的推论的逻辑概率来解释，但是如何确定具体经验概括的可信性仍然是一个问题。这个问题可以用一个不同的方式来提出：我们想要知道确定一个给定的或假设的经验概括之可信性的具体标准是由什么构成的。

在确定以之为基础来断定一个逻辑概率的样本的公平性中也可以提出类似的问题。就像在第五章第3节可以看到的，我们要求一个公平样本是那类我们不知道它是客观非典型的样本。但是，这也仅仅构成了通过它归纳作为概然推论的有效性能够得到解释的一般原则；它并不告诉我们在实际中如何能够确定样本的公平性。要确定实际情况中样本的公平性，我们需要具体的标准。一个给定的或假设的样本是否是那类我们不知道它是客观非典型的样本，是我们凭借确定给定的或假设的样本的公平性的相关标准所必须做出的决定。类似地，一个给定的或假设的经验概括是否可接受或合理可信，是我们凭借确定给定的或假设的经验概括的合理可信性的相关标准所必须做出的决定。

必须注意的是，这些具体标准是什么的问题并不能通过解释合理可信性的含义来回

答，就像确定公平样本的标准是什么的问题不能通过解释公平样本的含义来回答一样。正是这些标准，而不是其中意义的解释，我们能够用来确定一个给定的或假设的经验概括的可信性。也正是这些标准，我们能够在探究基于公平样本的可信的经验概括中作为调整原则来采用。

2.　合理可信度及其确定标准

刘易斯断言，存在"或高或低"的可信度，而且提出了确定可信度的三个重要具体

标准。在断言存在比较可信度时，刘易斯说："尽管可依靠性（或可信性）在通过分数就可近似地表达的方式上通常不能是标准的，但显然它多少还是个问题，因而是程度的问题；而且为了方便，我们将可依靠性说成可依靠性程度。"① 在这个意义上，可信度是比较上的，而不是定量的，即一个经验概括的可信性可以与另一个经验概括的可信性进行比较，或者在一个不同的基础上与同一个经验概括的可信性进行比较，但并不能用数字来明确地确定。②

对通常用法中各种比较可信度的认识的一个辩护是这样的："不同的数据对于判断同样问题的概率——对同样的问题给予不同的估值——如果人们实际上依赖所做出的概率判断，则可以基于该判断的相对满意度而进行某种排序。"③ 换句话说，经验概括可信性的估值和确定涉及不同的数据，或者涉及在各个对规范经验概括的可信性必不可少的方面不同的数据，这种数据可以根据其自身的、作为判断给定经验概括的可信度之基础的相对满意度进行排序。我们如何建构不同数据的相对满意度或可信赖，也依赖我们如何阐述基于这些数据来确定给定经验概括的具体标准。

151

这里，刘易斯提出了三个重要的确定比较可信度的具体标准。它们产生于对数据的"充足或不充足""接近或远离""齐一性或不齐一性"的考虑。通过数据的"充足"，刘易斯意味着相应频率估值的过去经验的延伸；通过数据的"不充足"，刘易斯意味着相应频率估值的过去经验的缺乏。如果给定数据集合在这个意义上是充足的，那么基于其上的频率估算将在这方面可信；另外，如果给定数据集合在上述意义上并不充足，那么基于其上的频率估算将在这方面不可信。如果一个数据集合比另一个数据集合的范围大，那么第一个集合的相应频率估值就是比第二个集合的相应频率估值更可信。因此，我们可以说，刘易斯已经认识到了一个确定频率估算或经验概括之比较可信度的有效规则或标准。这就是：这里与确定频率估算有关的补充数据总是增加给定频率估算或经验概括的可信度。换句话说，该规则或标准说的是，如果给定数据是充足的，那么基于给定数据的估算就是可信的，而且可信的程度与给定数据的充足程度成比例。

刘易斯所说的数据的"近似性"是指该数据和与归纳问题相关的情况之间类比的相似度或接近度。更一般地说，它意味着与已知的具体属性相关，它们的存在或缺失可能影响到给定集合中准属性的出现。这种考虑与可信度的定义有关，因为要对任何给定问题进行频率估算，我们都必须选择给定情况所属的参考类。该参考类可能在不同程度上或多或少地类似于我们所考虑的、具有已知的具体属性的情况。如果该参考类不太类似

① C. I. Lewis, *An Analysis of Knowledge and Valuation*, p. 296.
② 显然，刘易斯所称的可信度，也是我们所说的经验概括能够得到证实或证伪的概率程度。（Cf., ibid., p. 237）他主张，在确定概率程度的情况下，概率公式在数字上不允许进行简明的概率陈述，也不能要求它们被普遍使用。这并不是十分正确，至少当我们追述逻辑概率——我们为归纳的概率式辩护而将其设置为一种概然推论——在数字上是明确的时候，尽管它经常与所谓的标准偏差这样的误差范围密切相关。
③ Ibid., p. 293.

于我们所考虑的情况，那么已选择的参考类中的频率估算在比起该参考类更类似于该情况时就一般会具有较少的可信性。一个具体的情况可能会有各种参考类，所有这些参考类都可以按照每个参考类和具有某些已知具体属性的给定情况之间的相关类似性来排序。

通常十分困难的是选择一个具体情况的参考类作为该参考类，以便根据这一参考类所做出的频率估算能够被可信地应用于定义该给定情况的期望值。因为，如刘易斯所认识到的，"对于任何问题的相关期望系数的所有估值都必定碰到给定数据的整个参考类中频率估值的风险，而且更为冒险的是将这一频率估值应用于一般可能不同于那些参考类的一个或一些事例，这些参考类在某些方式下将影响准属性的出现"①。根据这一陈述，显然，考察近似性或类似性包括两个不同的问题。首先，构成给定数据的观察事例与所选择的整个参考类元素之间的类似性如何？其次，一个被选择的参考类元素与一般预言的一个或一些事例的类似性如何？举例来说，在给一便士杀人的频率估值中，给一便士杀人与将来一个具体的给一便士杀人密切近似；在同一年给一不同的便士的杀人作为给定的情况将更少近似，因为那个便士可能缺乏给定便士所具有的某个特征或属性；类似地，一般的便士杀人将更少近似，而且同样尺寸的硬币杀人更加如此；但通过一般的硬币杀人相比较来说将最不近似于将来所给定的具体便士杀人，因为前者可以包括一分钱杀人、四分之一分钱杀人，等等，可以有来自给定便士的十分不同的属性，这些属性可能影响杀人的结果。因此，刘易斯认为，存在着给定情况的不同参考类的接近度，我们必须根据一个参考类中的频率估算来确定其期望值。

刘易斯所谓数据的"远离"指的是数据的"接近"的缺乏，而且可以通过上述类似的方式来解释。在接近或远离的意义中所隐含的是确定频率估算的比较可信度的另一个规则或标准。这个规则或标准可以被简单地表述如下：给定数据越近似于我们所考虑的情况，基于该数据的频率估算就越可信。

刘易斯所谓数据的"齐一性"或"不齐一性"的方面，是关于所有适当选择的参考类的子集中准属性的频率的相同性。但什么是一个适当选择的子集？根据刘易斯的观点，它是以"任何事先不可能影响所建立的频率的方式出现的"②。简单地说，应该采取这样一种事先不知道的可能影响频率出现的方式。在这个意义上，它是一个公平样本。

根据刘易斯的观点，存在比较齐一度，可以下列方式来确定它："如果在被考察的参考属性事例中准属性的频率为 m/n，那么该数据就是根据该频率出现更齐一的，对事例子集来说，它证明了 e 是与 m/n 背离的，即相同越多，均值 e 越小。"③ 那么问题就

① C. I. Lewis, *An Analysis of Knowledge and Valuation*, p. 298.

② Ibid. , p. 300.

③ Ibid.

是：齐一度是如何影响频率估算的可信性的呢？答案是：如果该参考类是齐一的，那么我们就必须确保从参考类的一个子集的频率到另一个子集的频率的论证的有效性；如果该参考类是不齐一的，那么我们就不应该因此来确保。如果一个给定的参考类比另一个参考类更齐一，那么我们就应该认为以第一个参考类的频率为基础所做的估算的有效性比以另一个参考类的频率为基础所做的估算的有效性更可信。通过这种方式，可以说刘易斯得到了第三个确定频率估算的比较可信度的规则或标准：给定数据相应于其中的频率估算来说越齐一，那么基于给定数据的频率估算就越可信。

我们已经证明，刘易斯已经得到了第三个确定频率估算的比较可信度的规则或标准。这三个规则或标准在所断定的样本的公平度的可信度范围内，就是确定比较上的样本的公平度的规则或标准。但是，参照某些给定的数据，这些规则或标准应该如何结合起来以确定一个给定频率估算的比较可信度，不是我们在这里打算讨论的问题。事实上，刘易斯并不意味着人们必须考虑这些规则或标准对于确定一个比较可信度的相对重要性。① 他所指出的不过是，这三个规则对于确定比较可信度是相关的。这应该给予了我们一个关于它们作为规则或标准的理由，这些规则或标准对确定比较可信度来说只是必要的而不是充分的。因为事实上我们在这里仅仅注意到了在阐述确定比较可信度或一般可信性的更加具体的规则或标准时必须考虑所讨论问题的个体属性，我们仅仅注意到了我们关于它的具体知识和我们建立一个合理可信的经验概括时所想达到的目的。我们可以基于通过探究所获得的经验发现来阐述我们的规则或标准。事实上，相应于一个归纳问题，经验和我们的背景知识将要证明或者已经证明，在什么样的范围内，这三个规则或标准，如刘易斯所给出的，将会影响我们对比较可信度的确定。

3. 为接受确定合理可信性的标准辩护

在提出上述标准来确定比较可信度时，刘易斯也揭示了我们实际上做一个归纳结论时要尽力符合的原则。因为，在做出一个归纳结论时，我们通常偏好一个大样本，而且通常更喜欢一个尽可能与我们的归纳问题相关的参考总体。我们也要求我们以不知道影响已知经验频率的方式来选择样本。当我们已经以这种方式从一个参考总体中抽样时，我们基于这个样本的结论比基于一个不是用这种方式选择的样本的结论的可信度会更高。简单地说，我们通常希望我们的样本尽可能地公平，在大样本的意义上是公平的，

① 我在这里也许能够说明的就是，我们在实践中如何考虑这些规则或标准对于确定可信的经验概括的相对重要性。首先，我们弄清楚了，我们的样本对一个完美定义的总体来说是足够相关的。其次，我们弄清楚了，通过运用我们的背景知识所确保的抽样方法，我们的样本是足够齐一的。最后，我们弄清楚了，我们的样本在数量上足够大或者非常充足。当样本被如此整理时，它们就应该被认为是公平的。对公平样本来说，通过这种方式，充足的标准、相关性和齐一性显然同等重要，而且我们可以进一步猜想，对这些标准来说，缺乏齐一性必定使我们基于已考察样本的经验概括得不到确保。

是最相关于该归纳问题的，而且是以一种适宜的方式被选择的。在这一点上，人们提出了关于我们对标准或规则的接受是如何自我辩护的问题，即我们必然依靠这些标准来确定可信度，但我们希望知道，是什么根据、什么理由使它们能够作为标准或规则来确定可信度。

我们对这里所讨论的标准的接受得到了归纳性辩护，即它们就是作为确定可信度的标准被接受的，因为它们在过去就是被如此接受的，以上这种说法必定是毫无用处的。这样的辩护不仅预设了归纳的有效性，而且留下了这样的问题：为何如果它们在过去已经被接受，那么它们就必定对于确定可信度有效？

然而，人们可以认为，这些标准是关于实际策略或方法的阐述，即当在归纳推论中遵循这些标准时，其将在给定情况下导致真或成功。用这种方式为我们接受它们辩护将是有效的，只要我们或者必然知道或者可能知道它们的确在一个给定情况下使得我们接近真或成功。例如，如果我们的确或者必然或者可能知道收集大样本的标准将导致我们发现一个给定情况下的客观频率，那么我们就有理由断言这个标准是可接受的标准。但我们可以回顾一下，用这种方式为我们接受一个标准辩护类似于皮尔士通过将归纳刻画为自修正的并导致真理来为归纳辩护。如果是这样，那么我们就不能逃出我们对皮尔士建议的批判和刘易斯自己对经验概率论的批判。我们并不知道这些标准中的任何一个将不会在下一步导致长期经验探究过程中的某个错误和最终失败。如果我们说我们有某种不具确定性但具概率性的知识，而且如果"概率性"这个词并不是在经验意义上而在逻辑意义上被使用的，即它并不是来自归纳的一个已知经验频率，而是一种我们关于给定数据的知识的逻辑概率关系，那么我们将回到刘易斯的最初观点：可以根据逻辑意义上的概率或可信性来解释归纳和经验概括的有效性。这仍然使如何为我们接受一个标准来确定概率度或可信度辩护这个问题悬而未决。

156　　在充分认识到从归纳的观点或从实践的观点为我们接受这些标准辩护的困难后，就可以更好地认为，为我们接受这些标准辩护就是要认识到，它们对于解释我们对满足它们的归纳结论的信念的合理性是必要的，而且它们对于解释我们为什么将实用价值与满足它们的归纳结论所支配的对行动的预言和指导联系起来是必要的。因为我们发现接受一个按照这些标准为可信的经验信念是合理的，这是一个事实。我们发现接受一个根据这些标准有一个更高的可信度的经验信念比接受一个根据同样的标准有一个更低的可信度的经验信念是更合理的，这也是一个事实。进而，我们事实上的确发现了按照这些标准为可信的归纳结论所支配的对行动的预言和指导的实用价值。而且，事实上，我们发现按照这些标准有更高的可信度的归纳结论所支配的对行动的预言和指导比按照同样的标准有更低的可信度的归纳结论所支配的对行动的预言和指导中有更多的实用价值。

简言之，为我们接受这些标准来确定可信度辩护，可通过下述两个原则来展示：（1）接受它们应该是合理的；（2）它们应该可以被用来明确我们关于归纳结论的有效性或合理可信性或可信赖的概念。换句话说，我们必须强调的是，这些具体标准或规则在特征上是明确的和可调节的。说它们是明确的意思是：对各种各样的归纳结论来说，它们定义了什么是充足的证据什么不是。在这个意义上，它们规定了刻画值得信赖的归纳结论的恰当基础。在这个意义上，它们对于表达我们归纳的合理基础是必要的，而且对于解释归纳的合理可信性是相关的。说它们是可调节的意思是：对相应地做出的各种各样的归纳结论来说，它们是我们抽样的标准。换句话说，对做出各种各样的归纳结论来说，它们是指导我们探究恰当证据的理想原则。它们并不保证按照它们所做出的归纳必须成功，正如我们确定一个公平样本的一般标准并不确保一个公平样本必定表达了总体。对澄清什么构成了一个可信赖的归纳结论以及我们如何能够决定它来说，它们仅仅作为分析的原则和实践的原则是必要的。如果问在接受这些标准的意义上为什么我们是合理的，那么我们只能回答说，它是人性的一个基本特征，我们在那个意义上是合理的。如果问为什么我们必须是合理的，那么我们只能回答说，这就像问为什么我们必须是我们所必须是，而且我们并不知道我们希望做出的是一种什么样的回答。

在对我们接受这些标准来确定可信度做出上述辩护时，我们并不意味着不根据过去的经验或经验发现来阐述这些标准。事实上，它们是根据过去的经验和经验发现被阐述的。但是，这些标准的有效性问题不同于阐述它们的源头问题，就像欧氏几何的有效性问题不同于丈量土地实践中的源头问题。

第十六章 结 论

158 我通过介绍皮尔士归纳理论和刘易斯归纳理论之间的重要共同性，通过简单讨论皮尔士的论证和刘易斯的论证在他们归纳理论中的意义，通过提出一种整体的归纳辩护理论框架，最后通过——如"导言"中所表明的那样——展示对这一理论，以对归纳辩护问题所做的当代努力为基础的相关态度来进行总结。

1. 皮尔士和刘易斯归纳理论的共同性

在我们关于皮尔士和刘易斯归纳理论的考察中，我们已经明确，如果归纳和经验概括被适当地理解为概然推论，那么它们在根据或认同某个逻辑的推导原则的意义上，在它们的前提和它们的结论之间存在一种概率联系的意义上是有效的。这是一个归纳的概率式辩护。进而，我们已经明确，归纳和经验概括在另一个意义上是有效的：它们对于我们理解经验和拥有实在知识是必要的，而且当断定本身仅仅可以作为一个归纳结论或经验概括来辩护时，坚持所有的归纳结论和经验概括都不是真的将会自相矛盾。这是一个归纳的非概率式辩护。皮尔士和刘易斯的归纳理论都可以根据这两类归纳辩护来阐述。

159 在皮尔士的情况下，他关于从公平样本来做出概然推论的有效性的论证，意图使归纳成为一个有效的逻辑推论，即按照逻辑的推导法则来做出的推论。他论证的有效性依赖他关于公平样本的解释。按照他的观点，一个公平样本是按照一个方法来选择的样本，这个方法将会导致我们在长期经验探究过程中等频率地获得总体的样本。但是，我已经论证过，或者这样的方法不能被必然地知道，或者这样的方法的存在必须根据归纳来确定。通过求助这样的方法来为归纳辩护，我们首先将会假设归纳的有效性，因而我们的辩护将会陷入循环。根据这一点，我在第五章提出了重构公平抽样的原则。这样，我得出结论，任何公平样本按照逻辑原则都会产生一个充足定义的有效概然推论。既然根据已经被我们接受为归纳前提参考的公平样本可以说归纳的结论是合理可信的，那么我提出，拉普拉斯意义上的概率联系就应该被认为是我们关于归纳结论与给定公平样本之间的合理可信关系的观点的一个解释。我还提出，公平样本应该为我们基于推论的概率强度而断定或接受一个归纳结论提供一个逻辑理由。

在刘易斯的情况下，将公平样本作为推出一个归纳结论或一个统计概括的基础的考虑是从他关于经验概率论的批评中提出来的。经验概率并不是确定归纳有效性的标准：断言"P"是概然的——其中"P"是一个归纳结论或一个统计概括——并不证明"P"是可接受的或者得出"P"的归纳是有效的，因为所包括的该概率陈述是一个事实陈述，我们接受它首先需要得到辩护。要使概率成为一个关于归纳有效性的标准，刘易斯提出，说"P"是概然的就是说，"P"基于得出结论的数据是合理可信的。合理可信性或可依靠性确定指的是，我们有充足的基础或根据来接受或相信被说成合理可信的结论。尽管刘易斯并没有足够澄清我们可以通过什么样的一般原则将接受一个归纳结论的一个好的理由和一个坏的理由区别开来，然而他提出了相关条件来确定对归纳结论来说好的理由，因而来确定它们的合理可信性。我已经将这些条件解释为具体的标准，以确定经验概括或频率估算的比较可信度。例如，充足、相关和齐一性的标准可以帮助我们认识数据集合或案例集合的什么样的客观特征与确定具体情况下的经验概括的比较可信度相关。这一解决归纳和经验概括之有效性问题的方法必须与一般性论题——适当意义上的一个公平样本是一个断言一个经验概括或归纳结论为概然的或可信的好的理由——一致，而且也是它的必要补充。[①]

关于为确定经验概括的可信性而对我们所接受的标准辩护，首先要说的就是，它们可以作为应该被认同的标准来考虑，因为首先，基于公平样本与它们一致的结论必须满足我们关于它们在对行动的预言和指导中的用途；其次，它们可以被考虑为基于我们经验信念的合理性概念的合理原则，这些经验信念所基于的给定的或假设的数据集合或样本集合必须得到定义或说明。

这里，就一个归纳结论是基于公平样本按照具体标准而是可信的来说，结论和其前提——给定的公平样本——的可信性关系，根据皮尔士关于归纳的概率式辩护，也是结论和其前提之间的概率的一种逻辑关系。就刘易斯所断定的情况来说，在归纳结论和其数据之间存在一种逻辑的、先验可确定的关系，而且就他不能澄清这种关系是什么的情况来说，皮尔士关于归纳的概率式辩护为刘易斯的断定提供了一个理论上的（作为基础的）解释，而且应该在这个意义上补充了刘易斯关于归纳的概率式辩护的理论。

刘易斯和皮尔士关于归纳的非概率式辩护是紧密相关的，甚至比起他们关于归纳的概率式辩护来还更加紧密相关。正如我们所看到的，皮尔士已经以非概率式的方式提出了关于归纳有效性的四个论证。他的第一个论证在于表明，归纳作为一种方法在长期的

160

[①]　在某种意义上，这些由刘易斯提出来的具体标准在特征上也是一般的，因为更具体的标准总是可以基于对每个具体归纳问题的本质和我们在解决一个具体归纳问题时想要达到的目的的本质的考虑来阐述。

161 自修正过程中必定导致真。他的第二个和第三个论证指出，我们的世界必须是真实的，因而必须拥有齐一性，使得归纳法能够被用来发现它们。他的最后一个论证在于证明，归纳在某种给定经验下总是可能的。我已经澄清并批评了这些论证，而且证明它们必然包含这样的观点，即我们通过一个归纳过程而知道实在，而且不可设想我们通过归纳不能知道实在。

在讨论刘易斯关于归纳的所谓"先验"分析式辩护中，我们已经证明，刘易斯进行了如下论证。首先，确定经验概括和归纳之有效性的标准必须与确定实在的标准相符合，即实在必须仅仅通过有效的经验概括而被知道。但是，这个论证也仅仅证明了，实在应该如何与有效的归纳相关，而并没有表明归纳是否实际上导致了关于实在的真正知识。进而，刘易斯证明，我们经验知识的可能性所依赖的原则也确保或支配着归纳和经验概括的可能性。因此，刘易斯断言，我们能够知道实在，因为否定这一点就是肯定无物存在。最后，刘易斯认为，我们能够设想无物存在是不可能的。通过这些论证，他试图主张，我们总是能够知道实在，因为我们总是能够将概念应用于给定经验。因为这是真的，所以归纳一般不能是失败的，即在任何可设想的情况（其中给定了某个经验）下都可以做出某个真的经验概括。在这里，刘易斯断言，归纳和经验概括的总体的、最终的有效性得到了构造。

根据上述情况，皮尔士和刘易斯关于归纳的非概率式辩护的共同性应该是明显的。它想强调的是一些关键问题。两位哲学家都已接受归纳为一个自修正过程，通过这一点，我们总是可以根据经验发现的某种经验概括来阐述呈现为事实的情况。在考虑归纳的自修正性时，皮尔士表明，归纳将在长期经验探究过程中导致真，而刘易斯则表明，通过归纳比不通过归纳将给予我们更大的成功。还要说的是，皮尔士和刘易斯都认为，在证明归纳的有效性时，并不需要做出实质的预设如关于自然的齐一性的预设。证明归纳的有效性不必做出一个实质的预设，是因为这样做会导致循环论证。皮尔士和刘易斯

162 都在他们各自关于归纳的非概率式辩护中表明了任一真实世界的某种齐一性都是理论上必不可少的。但如我所指出的那样，这应该并不意味着某个预先指定的描述的齐一性是必不可少的。换句话说，我们关于实在的知识的某种齐一性一般是必不可少的，这并不导致必须要假设某个预先指定的描述的齐一性作为归纳有效性的基础。

皮尔士和刘易斯归纳理论之间的差异性是第二位的，就像我们在关于他们共同性的观点的讨论中已经发现的那样。但是，一个重要的差异也许值得我们在这里提一提。皮尔士在试图确定概率性或实在时经常强调未来的重要性。因此，他强调在长期经验探究过程中来探究实在或真。这对于鼓励我们去寻找未来真理的必然性具有令人愉快的结果，但它对于我们提出任何给定的归纳结论来说却具有并不令人愉快的结果，这些归纳结论并不是已知为必然真的，而是不合理的，且不是基于已知经验可接受的。在某种意义上，我们也可以说，皮尔士经常将经验真的辩护与它的证实混淆起来。另外，刘易斯

指出，辩护和证实对于确认经验真的有效性来说是有区别的和有不同程序的。① 要探究未来真理的必然性，就是要探究算作证明程序的东西，但我们已接受或已相信的东西并不仅仅是通过发现其是否真来确定的，这通常是不可能做到的，但可以通过发现其是否被合理地支持来确定。这意味着，我们已接受或已相信为真的东西的确是可信赖的，要是它们得到了充分支持并且因此在这个意义上得到了合理辩护的话。这就是辩护的程序。在强调确保可信性作为归纳和经验概括的有效性的基础时，刘易斯已经表明，在这个方面比起皮尔士来他更接近约翰·杜威（John Dewey），即接近后者的"确保可断定性"的理论。② 正是由于这个考虑，比起皮尔士在其后期所声称接受的东西来说，刘易斯采纳了关于概率的一个完全不同的解释。

2. 皮尔士和刘易斯论证的意义

皮尔士和刘易斯关于归纳有效性的论证的含义是十分清楚的：它有效地防止了被休谟所鼓动的认识论上的怀疑论。休谟式的怀疑论者指出，既然归纳作为一个推论在逻辑上并没有得到保证，那么通过归纳而得到的经验知识就不能是合理可信的。他进一步声称，可以设想我们的所有经验概括都是错的并且都不能刻画实在。面对这些休谟式的挑战，皮尔士和刘易斯关于归纳有效性的论证作为一个充分协调的回答脱颖而出。因为我们可以看到，他们的概率式论证证明了归纳推论的合乎逻辑性，而且他们的非概率式论证否认了我们可以设想我们的所有经验概括都是错的并且不能刻画实在的神话。

也许需要详细阐述防止怀疑论立场的概率式论证和非概率式论证的相互补充。如果我们只进行概率式论证，那么怀疑论者（若进行适当理解）就可能同意归纳在逻辑上是有效的推论形式，然而他们指出这种推论形式必然得出关于我们的世界或任何现实世界的真结论是没有保证的，即它不能被应用于我们的世界或任何现实世界。在这一点上，我们必须引入非概率式论证，以保证我们相信任何归纳都不能导致现实世界的真且现实世界不承认产生真理的归纳是合理可信的。另外，如果我们只进行非概率式论证，那么怀疑论者就能够充分消除其关于归纳如何导致我们可接受的、作为实在知识的合理结论的怀疑，但他们坚持认为不清楚的是，归纳为什么必须被认为是逻辑上有效的推论形式，而不是一个不能通过理由或逻辑来解释的心理习惯。然而，这个反驳可以通过概率式论证——它揭示了归纳推论中前提和结论之间的逻辑关系——来回答。

总之，皮尔士和刘易斯的概率式论证与非概率式论证揭示了以下这个事实：归纳是

①《163》

---

① 刘易斯说："经验信念的确认有两个重要的维度或方向，即它的证实和辩护；确定它为真和确定它为合理可信的。我们确定的认知评价或者思维的肯定性陈述就是指望所断定的东西为真，但也指望信念的确保或理由。"（*An Analysis of Knowledge and Valuation*，p. 254）

② Cf. , John Dewey, *Logic*, *The Theory of Inquiry*, New York, 1938, pp. 154, 172, 195, 262, 329.

一种受概率规则支配的有效推论形式，而且作为一种将知识作为应该的知识来追求的方法是可信赖的。他们分别为归纳提供了逻辑的和元逻辑的理由，这些同时构成了我们应用归纳推论和接受其结论的（总体上）充足的理由。

3. 走向一种整体的归纳辩护理论

皮尔士和刘易斯关于归纳有效性的论证覆盖了归纳辩护问题的各个方面，为了避免导致在上述偏好考虑下的思考，我们必须认识到他们的局限性。除了其他情况之外，皮尔士和刘易斯没有能够在归纳辩护的层次之间做出一个明确的区分。我现在要来说明这个区分是什么，以及它对于发展一种整体的归纳辩护理论的重要性如何。

就算在皮尔士和刘易斯的概率式论证与非概率式论证的框架下来说，我们也已经证明，我们可以否认怀疑论的立场。但是，对怀疑论问题的回答是一般的回答，因为怀疑论的问题是一般的问题。① 没有什么能够阻止怀疑论者对于具体的归纳结论提出具体的、合理的理由，并要求具体的理由来接受具体的归纳结论以刻画实在的问题。② 对这些问题的回答都应该与一个具体层次上的归纳辩护有关。显然，皮尔士和刘易斯都没有集中于这些问题，这些问题的重要性很少能够被理解。下面我将要说关于这些问题的一些事情，进而证明一种整体的归纳辩护理论一方面如何可以在区别概率式论证和非概率式论证的基础上来发展，另一方面如何可以在区别辩护的一般层次和具体层次上来发展。

关于具体归纳结论的理由问题，要求我们确定具体的标准以将合理可信性归为具体的归纳结论。仅当这些标准是适当可确定的时，这些问题才能够被充分地回答。对于接受一个具体归纳结论的具体理由问题，该回答不会是在归纳应该导致某种实在知识的一般性上说的。因为一般性并不意味着一个给定的具体归纳结论必须是合理可信的和刻画实在的。相反，具体情况下归纳的有效性或合理可信性依赖如下事实：在具体情况下，基于具体理由它导致对实在的合理可信的刻画。因此，一个具体的物理法则是合理可信的，并不是因为事物一般存在和经验概括一般是合理可信的，而是因为正是这一法则自身基于具体的充足理由刻画了具体类型的实在。问为什么我们必须将这条法则作为合理可信的，就是要问为什么我们基于具体理由而认为其是实在的东西都必须被认作实在。像这样的问题或者成了微不足道的，或者仅仅将我们的注意力集中于以下事实，即具体

---

① 可以通过下列陈述来回顾怀疑论问题的一般性：如果一个有效的归纳被做出，那么是什么使得它一般有效或合理可信？一个经验概括为什么是真的？这些问题之答案的一般性可以用如下陈述来表达：归纳是一种能够逻辑有效的推论形式，而且它与我们的合理可信和实在概念——经验概括一般对于刻画实在是合理不可信赖的——矛盾。

② 我们不仅可以将一个具体的归纳辩护问题作为确定某个探究领域中的具体归纳结论之合理可信性的问题来考虑，而且可以将它作为确定某个具体概念系统之合理可信性（这种合理可信性是作为某个领域中经验的一种系统解释被提出来的）的问题来考虑。在后一种情况下，显然具体的归纳辩护问题不仅包括确定与给定领域经验相关的具体概念系统的合理可信性，而且要解释这一系统在简单性和可理解性的考虑下如何优于其他选择系统。

描述的事物的确存在。

因此，处理归纳辩护问题的一个十分重要的方面就是澄清和解释与具体标准相应的具体归纳结论的有效性，这些具体标准将为这些结论的具体内容确定具体充足的理由。严格来说这个方面就是，皮尔士和刘易斯的归纳理论几乎没有给出或者没有给出讨论。当然，没有考察不同种类的具体归纳问题和（我们通过阐述或解决不同种类的具体归纳问题来达到的）不同种类的具体目的，就不能做出这样的结论。我们这里所希望强调的就是该问题对于发展一种整体的归纳理论的重要性。

为了发展一种整体的归纳辩护理论，人们必须考虑一般的和具体的归纳辩护问题，这些问题可以相应地根据概率式模式或非概率式模式的一致来考察。一般层次的辩护和具体层次的辩护并不会重叠，因为它们是基于不同层次来回答相关问题的。只要这是真的，对责难一个彻底的怀疑论者来说，它们就必然是相互补充的。

辩护层次与归纳辩护模式的关系，或许可以通过下列图表来揭示：

166

辩护层次	辩护模式	
	概率式	非概率式
一般	GP	GN
具体	SP	SN

这里，词项"GP""SP""GN""SN"表示了，在"一般""具体""概率式""非概率式"的对应关系下归纳辩护所打算或要求表明的陈述。下面我将说明这一点，并且用逻辑符号来阐述 GP、GN、SP 和 SN 的辩护公式。

一般层次的归纳的概率式辩护（GP）在于将归纳看成从公平样本到总体的一般概然推论。因此，在一个归纳推论中，如果 p 是关于某类公平样本的一个归纳前提，那么在 p 使 c 可能这个关系中 p 与归纳结论 c 相关。为了便于将这个推论形式形式化，我们可以假设样本的存在总是预设了一个该样本从中抽取出来的总体的存在，因而关于一个样本的归纳前提总是以高概率化的方式包含了关于一个总体的归纳结论。我们可以进一步假设命题之上的量化的有效性。就这些假设来说，令 p 是具有特征φ的命题，指称某类中公平样本 S，c 是具有特征ψ的命题，指称 S 从中抽出的总体。进而令"hiprob（p，c）"表示 c 是通过 p 得到的高概率关系。进而，一般层次的概率式辩护将具有逻辑形式：

$$(p)(\phi p \supset .(\exists c)(\psi c \subset hiprob(p,c)))① \tag{1}$$

这里，"hiprob（p，c）"可以根据上下文被定义为：

"hiprob（p，c）"："存在一个高概率，c 可以根据逻辑原则从 p 推导出来。"

类似地，一般层次的非概率式辩护（GN）在于将归纳作为理解经验的一种一般

---

① 为避免命题的限制，这个逻辑公式在意思上可以被解释为：如果φ是关于某个陈述 p 的真，那么另一个陈述 c 就总是可以被阐述为：ψ是关于 c 的真，且 p 和 c 的真都是高概率的。类似的解释可以针对逻辑公式(2)、(3)和(4)做出。

167 的、必不可少的方法，因而是作为对实在的刻画与经验概括相关的。因此，如果 p 是一个关于同样形式的经验的归纳前提，那么 p 就是与归纳结论 c 相关的，其中 p 在概念上通过 c 来刻画。同时，为了便于将这种形式的归纳关系形式化，我们可以假设联系直觉的认知情况来指称某种形式的经验。我们可以进一步假设命题之上的量化的有效性。进而令 p 表示具有特征 ϕ' 的命题，指称用认知词项陈述的某种形式的经验 x。根据皮尔士和刘易斯的非概率式论证，既然 x 总是可概念化的，那么给定 p，就存在具有特征 ψ' 的命题 c，指称用非认知词项陈述的 x。显然，c 在概念上刻画了 p，其中 x 在 p 中得到认知上的报道，这是 c 在非认知上断言的。令 "conchar（p，c）" 表示这样一种关系。进而，一般层次的非概率式辩护将具有逻辑形式：

$$(p)(\phi'p \supset .(\exists c)(\psi'c.conchar(p,c)))\qquad(2)$$

这里，"conchar（p，c）" 可以根据上下文被定义为：

"conchar（p，c）"："c 用非认知词项断言了关于 p 用认知词项所指称的东西的某种真的东西。"

既然具体层次的归纳的概率式辩护（SP）是与作为一个具体的概然推论的归纳（如果根据具体标准它是一个公平样本，那么它将产生一个合理可信的归纳结论）相关的，那么显然，它应该假设逻辑形式：

$$\phi p_i \supset .\psi c_i.hiprob(p_i,c_i)\qquad(3)$$

这里，p_i 是一个具体的归纳前提，指称某类的一个公平样本，且 c_i 是一个具体的归纳结论，与高概率化的关系中的 p_i 相关。既然具体层次的归纳的非概率式辩护（SN），是与作为一个具体的经验概括——这个经验概括对于在具体根据上刻画某类具体的实在性是必要的——的归纳相关的，那么类似地，它可以被表达为具有逻辑形式：

$$\phi'p_i \supset .\psi'c_i.conchar(p_i,c_i)\qquad(4)$$

相应地可以做出对 p_i 和 c_i 的解释。应该注意的是，在一个具体的辩护中，归纳的结论 ψc_i 或 $\psi'c_i$ 都是可以从辩护公式（3）和（4）中可拆分的。

168 在上述勾画的归纳辩护理论的框架中，显然，可以根据其模式与层次来分析和抨击归纳辩护问题。进而显然的是，归纳辩护的概念可以根据（1）、（2）、（3）和（4）在上下文中的定义来陈述。因此，一个论证 A 是一个归纳辩护，当且仅当 A 等价于（1）或（2）或（3）或（4）。最后，我们能够发现，归纳的一般辩护和具体辩护之间的关系，在适当的限定下，或者通过全称概括和存在概括的方式，或者通过全称例示和存在例示的方式，是一种逻辑蕴涵关系。[1] 这一关系的哲学意义是，具体层次的归纳辩护并不能阻止我们提出某个关于一般层次的归纳辩护的重要问题，反之亦然。

---

① See W. V. O. Quine, *Method of Logic*, pp. 160–161.

4. 基于实践论者和语言学家的论证

根据归纳辩护在其一般层次和具体层次上的可能性，我们可以得出结论：归纳辩护问题在一般层次和具体层次上都是一个真正的问题。在某种程度上，归纳无论被作为概然推论的有效性还是被作为建立我们关于实在的知识的合理方法的有效性来考虑都是可辩护的，归纳辩护问题都应该是可解决的。

皮尔士和刘易斯的归纳理论已经肯定了归纳在一般层次上的可辩护性，并且提出了对归纳进行一般辩护的方法。在这个意义上，他们已将归纳辩护问题作为一个真正的和可解决的问题，而且驳斥了现代语言学家的如下观点：不存在一般的归纳辩护问题，并且归纳辩护问题仅仅是一个发现归纳是否符合一个标准的问题。如我们已指出的，语言哲学家错误地假定了如下两点：第一，我们不应该提出关于归纳标准的可信赖问题；第二，归纳企图与之符合的标准并没有逻辑说服力。另外，我们对皮尔士和刘易斯归纳理论的考察表明，甚至归纳标准都遭到了怀疑，而且归纳能够基于概率得到逻辑上一致的阐述。在这个意义上，作为一种推论的归纳的有效性类似于作为一种推论的演绎的有效性，尽管它在很多其他重要方面不同于演绎。

关于实践论者的观点，即必须将归纳看作一种在过去大多数情况下已经成功的实践策略，我们认为这并没有充足地刻画归纳的有效性。因为皮尔士和刘易斯已经使我们认识到，归纳是有效的是基于它是一种有效的推论形式和一种阐述实在知识的必不可少的方法。实践论者完全不能认识到关于归纳辩护的两个不同问题：我们相信一个归纳策略或原则 P 的理由是什么？一个过去有效的归纳策略或原则 P 为什么是合理可信赖的？当他断言我们相信 P 的理由是它在过去有效时，他仅仅回答了前一个问题，而没有回答后一个问题，即使他能够感觉到他已经回答了关于归纳辩护的所有问题。这后一个问题的答案是由皮尔士和刘易斯给出的：一个在过去已经成功了的归纳策略或方法，对于在任何可设想的情况下将一般的实在知识确定为应该的实在知识是至关重要的。

决定实在是什么的具体标准通常是基于它们在过去大多数情况下已经被证明是成功的而被采用的，但是它们的合理可信性并没有因此得到解释。相反，我们必须根据合理性概念或合理信念概念所定义的内容将它们作为合理原则来考虑。在这一点上，我们承认，在关于归纳一般有效性的这一解释中存在着某种形式的循环。但我们仍然坚持，基于逻辑和实在性而进行的、对我们关于实在的推论的有效性的定义和解释应该优先于单纯实践的考虑。分析论者和实践论者大体上都忽视了这样一种定义和解释的一般原则。

附录一 皮尔士关于归纳与概率的系列论文

"John Venn, The Logic of Chance"（《约翰·文恩：机遇的逻辑》），8.1-6，1867.

"The Frequency Theory of Probability"（《频率概率论》），3.14-19，1867.

"On the Natural Classification of Arguments"（《关于论证的自然分类》），2.461-516，1867（corrections 1893）.

"The Social Theory of Logic"（《逻辑的社会理论》），from "Grounds of Validity of the Laws of Logic"（《逻辑规律有效性的理由》），5.318-357，1868（corrections 1893）.

"The Fixation of Belief"（《信念的固定》），5.358-387，1877.

"How to Make Our Ideas Clear"（《如何使我们的观念更清晰》），5.388-412，1878.

"The Doctrines of Chances"（《机遇的原则》），2.645-688，1878（corrections 1893，notes 1910）.

"Deduction, Induction, and Hypothesis"（《演绎、归纳和假说》），2.619-644，1878（corrections 1893）.

"The Probability of Induction"（《归纳的概率》），2.699-693，1878（corrections 1893）.

"The Order of Nature"（《自然的秩序》），6.395-427，1878.

"A Theory of Probable Inference"（《概然推论的理论》），2.694-754，1883.

"Necessity Considered as a Postulate"（《作为假设来考虑的必然性》），from "The Doctrine of Necessity Examined"（《必然性原则研究》），6.35-65，1892.

"Kinds of Reasoning"（《推理的种类》），1.65-74，from "Lessons from the History of Science"（《科学史教程》），c.1896.

"Reasoning from Samples"（《样本的推理》），1.92-97，from "Lessons from the History of Science"（《科学史教程》），c.1896.

"Methods for Attaining Truth"（《获得真理的方法》），5.574-604，1898.

"Definition of Truth"（《真理的定义》），5.565-573，1910.

"Abduction, Induction and Deduction"（《推导、归纳和演绎》），7.202–7.206，from "The Logic of Drawing History from Ancient Documents"（《从古代文献得出历史的逻辑》），1901.

"Three Kinds of Induction"（《归纳的三种类型》），7.208–217，from "The Logic of Drawing History from Ancient Documents"（《从古代文献得出历史的逻辑》），1901.

"The Nature of Hypothesis"（《假说的本质》），6.522–525，from "Hume on Miracles"（《休谟之镜》），c.1901.

"The Testing of Hypothesis"（《假说的检验》），6.526–536，from "Hume on Miracles"（《休谟之镜》），c.1901.

171

"What is Science"（《什么是科学》），1.232–237，1902.

"Abduction and Deduction and Induction"（《推导、演绎和归纳》），from "Minute Logic"（《时间逻辑》），2.100–104，1902.

"Notes on Ampliative Reasoning"（《祈使句推理解释》），2.773–791，1902.

"Uniformity"（《齐一性》），6.98–101，1902.

"Syllogism"（《三段论》），2.552–580，1902.

"Kinds of Reasoning"（《推理的种类》），7.97–109，from "Scientific Method"（《科学方法》），part undated，1903.

"Kinds of Induction"（《归纳的种类》），7.110–130，from "Scientific Method"（《科学方法》），part undated，1903.

"Lectures on Pragmatism"（《关于实用主义的讲座》），5.14–212，1903.

"The Varieties and Validity of Induction"（《归纳的种类及有效性》），2.755–772，c.1905.

"Truth and Satisfaction"（《真和满足》），5.555，c.1906.

"The Three Stages of Inquiry"（《研究的三个阶段》），from "A Neglected Argument for the Reality of God"（《一个被忽视了的关于上帝存在的论证》），6.468–477，1908.

"The Validity of the Three Stages"（《三个阶段的有效性》），from "A Neglected Argument for the Reality of God"（《一个被忽视了的关于上帝存在的论证》），6.468–477，1908.

附录二　大数逻辑法则的证明（超几何概率的最大值法则）

　　我们将大数逻辑法则阐述为以下三个部分：

（1）当样本的构成比率等于总体的构成比率时，样本具有某种构成比率的概率为最大。

（2）在给定的某种差值范围内，样本具有与总体相同的构成比率的概率大于在同样的差值范围内样本具有任何其他构成比率的概率。

（3）我们可以通过允许一个适当的差值范围使得一个给定样本的构成比率与总体的构成比率相同的概率像我们所希望的那样高，而且这一概率大于该样本在同样的差值范围内具有任何其他构成比率的概率。

　　要证明大数逻辑法则，我们这里只需要详细地证明（1），并指出（2）是如何与（1）相关的，而且可以用同样的方式得到证明。关于（3），它的第一部分能够很容易地从这样一个事实中推出，即样本具有某种大于、等于或小于总体之构成比率的构成比率的概率是一种确定的真分数，不管它可能小到什么程度，然而它的第二部分显然可以从（2）中推出。

　　我们可以在概率论中将（1）用公式表示成下列数学定理：令 $N=$ 总体 T 的大小，$k=T$ 中具有性质 t 的元素的数量，$n=$ 从 T 中取出的样本 S 的大小。那么，样本 S 拥有具有性质 t 的具体元素 x 的概率即超几何概率为

$$P(N,k,n,x) = \frac{\binom{k}{x} \cdot \binom{N-k}{n-x}}{\binom{N}{n}}$$

　　这里，当 $x/n=k/N$ 或 $x=nk/N$ 时，$N \geqslant k$，$N \geqslant n$，$x \leqslant$ 最大 (n, k) 有它的最大值。

证明：考虑如下比率

$$A = \frac{\dfrac{\dbinom{k}{x}\dbinom{N-k}{n-x}}{\dbinom{N}{n}}}{\dfrac{\dbinom{k}{x+j}\dbinom{N-k}{n-x-j}}{\dbinom{N}{n}}} = \frac{\dbinom{k}{x}\dbinom{N-k}{n-x}}{\dbinom{k}{x+j}\dbinom{N-k}{n-x-j}}$$

$$B = \frac{\dfrac{\dbinom{k}{x}\dbinom{N-k}{n-x}}{\dbinom{N}{n}}}{\dfrac{\dbinom{k}{x-j}\dbinom{N-k}{n-x+j}}{\dbinom{N}{n}}} = \frac{\dbinom{k}{x}\dbinom{N-k}{n-x}}{\dbinom{k}{x-j}\dbinom{N-k}{n-x+j}}$$

我们要证明该定理成立，当且仅当

$$A > 1 \quad \text{对于所有的} \quad j = 1, 2, \cdots\cdots$$
$$B > 1 \quad \text{对于所有的} \quad j = 1, 2, \cdots\cdots$$

而且，当 $x = nk/N$ 时，

I. 通过对 j 做归纳，我们证明了 $A > 1$。

（i）$j = 1$

$$A = \frac{\dbinom{k}{x}\dbinom{N-k}{n-x}}{\dbinom{k}{x-1}\dbinom{N-k}{n-x-1}} = \frac{(x+1)(N-k-n+x+1)}{(k-x)(n-x)}$$

当 $x = \dfrac{nk}{N}$ 时，

$$A = \frac{nk - \dfrac{nk^2}{N} - \dfrac{n^2k}{N} + \dfrac{n^2k^2}{N^2} + \dfrac{nk}{N} + N - k + n + \dfrac{nk}{N} + 1}{nk - \dfrac{nk^2}{N} - \dfrac{n^2k}{N} + \dfrac{n^2k^2}{N^2}}$$

这一比率大于 1，如果我们能够证明

$$\frac{2nk}{N} + N - k - n + 1 > 0 \tag{I}$$

现在我们来证明,在 $n \leqslant N$,$k \leqslant N$ 的情况下,对于 n,k 的所有取值,上述(I)都成立。

令 k 取任意值,显然,当 $n = 0$ 时,$N - k + 1 > 0$

但是,即使当 $k = N$,$n = N$ 时,

$$\frac{2NN}{N} + N - N - N + 1 > 0$$

因此,无论如何,(I)都成立。

(ii)令 $A > 1$,(当 $X = nk/N$ 时)$j = \theta$ 成立,我们要证明 $A > 1$,(当 $x = nk/N$ 时)$j = \theta + 1$ 成立。

假设

$$\frac{\binom{k}{x}\binom{N-k}{n-x}}{\binom{k}{x+\theta}\binom{R-k}{n-x-\theta}} > 1$$

现在

$$\frac{\binom{k}{x}\binom{N-k}{n-x}}{\binom{k}{x+\theta}\binom{N-k}{n-x-\theta}} \cdot \frac{(x+\theta+1)(N-k-n+x+\theta+1)}{(k-x-\theta)(n-x-\theta)} = \frac{\binom{k}{x}\binom{N-k}{n-x}}{\binom{k}{x+\theta+1}\binom{N-k}{n-x-\theta-1}}$$

要证明

$$\frac{\binom{k}{x}\binom{N-k}{n-x}}{\binom{k}{x+\theta+1}\binom{N-k}{n-x-\theta-1}} > 1$$

我们需要证明

$$\frac{(x+\theta+1)(N-k-n+x+\theta+1)}{(k-x-\theta)(n-x-\theta)} \geqslant 1$$

$$\frac{(x+\theta+1)(N-k-n+x+\theta+1)}{(k-x-\theta)(n-x-\theta)}$$

$$= \frac{(Nx - kx - nx + x^2 + x\theta + x + N\theta - k\theta - n\theta + x\theta + \theta^2 + \theta + N - k - n + x + \theta + 1)}{kn - kx - k\theta - xn + x^2 + \theta x - n\theta + \theta x + \theta^2}$$

用 nk/N 替换 x,我们有

$$N - k - n + \frac{2kn}{N} + 2\theta + 1 + N\theta$$

但是 $N - K - n + \frac{2kn}{N} + 1 > 0$，$2\theta + N\theta$ 为正整数。

所以

$$\frac{(x+\theta+1)(N-k-n+x+\theta+1)}{(k-x-\theta)(n-x-\theta)} > 1$$

因此

$$\frac{\binom{k}{x}\binom{N-k}{n-x}}{\binom{k}{x+\theta+1}\binom{N-k}{n-x-\theta-1}} > 1$$

II. 通过对 j 做归纳，我们证明了 $B > 1$。

（i）$j = 1$

$$B = \frac{\binom{k}{x}\binom{N-k}{n-x}}{\binom{k}{x-1}\binom{N-k}{n-x-1}} = \frac{(x-1)!\,(k-x+1)!\,(n-x+1)!\,(N-k-n+x-1)!}{x!\,(k-x)!\,(n-x)!\,(N-k-n+x)!}$$

$$B = \frac{(k-x+1)(n-x+1)}{x(N-k-n+x)}$$

当 $x = nk/N$ 时

$$B = \frac{kn - \frac{nk^2}{N} + k - \frac{n^2k}{N} + \frac{k^2n^2}{N^2} - \frac{nk}{N} + n - \frac{kn}{N} + 1}{nk - \frac{nk^2}{N} - \frac{n^2k}{N} + \frac{n^2k^2}{N^2}}$$

为了证明上式大于 1，我们需要证明

$$k + n - \frac{2nk}{N} + 1 > 0$$

即

$$Nk + nN - 2nk + N > 0$$

这是显然的，因为 $Nk + nN > 2nk$。

（ii）假设 $B > 1$（当 $x = nk/N$ 时）成立
即对于 $j = \theta$，

$$\frac{\binom{k}{x}\binom{N-k}{n-x}}{\binom{k}{x-\theta}\binom{N-k}{n-x+\theta}} > 1$$

我们想要证明 $B > 1$（当 $x = nk/N$ 时）对于 $j = \theta + 1$ 成立。

$$\frac{\binom{k}{x}\binom{N-k}{n-x}}{\binom{k}{x-\theta-1}\binom{N-k}{n-x+\theta+1}} > 1$$

但是

$$\frac{(k-x+\theta+1)(n-x+\theta+1)}{(x-\theta)(N-k-n+x-\theta)} \cdot \frac{\binom{k}{x}\binom{N-k}{n-x}}{\binom{k}{x-\theta}\binom{N-k}{n-x+\theta}} = \frac{\binom{k}{x}\binom{N-k}{n-k}}{\binom{k}{x-\theta-1}\binom{N-k}{n-x+\theta+1}}$$

现在，要证明

$$\frac{\binom{k}{x}\binom{N-k}{n-x}}{\binom{k}{x-\theta-1}\binom{N-k}{n-x+\theta+1}} > 1$$

我们需要证明

$$\frac{(k-x+\theta+1)(n-x+\theta+1)}{(x-\theta)(N-k-n+x-\theta)} > 1$$

$$\frac{(k-x+\theta+1)(n-x+\theta+1)}{(x-\theta)(N-k-n+x-\theta)}$$

$$= \frac{(kn-kx+k\theta+k-xn+x^2-x\theta-x+\theta n-x\theta+\theta^2+\theta+n-x+\theta+1)}{(xN-kx-xn+x^2-x\theta-N\theta+k\theta+n\theta-x\theta+\theta^2)}$$

要证明上式大于 1，我们得证明

$$k+n+2\theta+1-\frac{2nk}{N} > -N\theta$$

$$k+n+2\theta+n\theta+1-\frac{2nk}{N} > \theta$$

$$Nk+Nn+2\theta N+N^2\theta+N-2nk > \theta$$

这是显然的，因为 $Nk-Nn>2nk$。

证毕。

上面我们已经给出了大数逻辑法则（1）的严格证明。为了证明（2），我们也可以在概率论中将它用公式表示成数学定理。给定上述已明确定义的 N，n，k，x，令 $d=$ 一个样本中具有性质 t 的元素的数量值（不同于已知样本中具有性质 t 的元素的数量值）。那么，一个样本在差值为 d 的范围内拥有具有性质 t 的元素的累积概率可以被表示为

$$P_d(N,k,n,x=nk/N)=\sum_{i=0}^{d}\frac{\binom{k}{x-i}\binom{N-k}{n-x+i}}{\binom{N}{n}}+\sum_{j=1}^{d}\frac{\binom{k}{x+j}\binom{N-k}{n-x-j}}{\binom{N}{n}}$$

那么（2）有效地做出了下述断定

$$P_d(N,k,n,x=nk/N)>P_d(N,k,n,x=m,\text{这里 } M>\text{或}<nk/N)$$

为了证明这一点，我们可以运用（1）和下述引理

引理：

178

$$\frac{\dfrac{\binom{k}{x+a}\binom{N-k}{n-x-a}}{\binom{N}{n}}}{\dfrac{\binom{k}{x+a+1}\binom{N-k}{n-x-a-1}}{\binom{N}{n}}}=\frac{\binom{k}{x+a}\binom{N-k}{n-x-a}}{\binom{k}{x+a+1}\binom{N-k}{n-x-a-1}}>1$$

$$\frac{\dfrac{\binom{k}{x-a}\binom{N-k}{n-x+a}}{\binom{N}{n}}}{\dfrac{\binom{k}{x-a-1}\binom{N-k}{n-x+a+1}}{\binom{N}{n}}}=\frac{\binom{k}{x-a}\binom{N-k}{n-x+a}}{\binom{k}{x-a-1}\binom{N-k}{n-x+a+1}}>1$$

这一引理的另一种表述是，一个样本拥有具有 $x+a$ 或 $x-a$ 个性质 t 的元素的概率小于该样本拥有具有 $x+a+1$ 或 $x-a-1$ 个性质 t 的元素的概率。类似（1）的证明，我们可以通过归纳来证明这一引理。[1] 现在，通过（1），我们知道，$P_d(N,k,n,x=nk/N)$

---

① 大数逻辑法则（1）是从这一引理当 $a=0$ 时推断出来的一个具体情况。

总是最大的，而且通过引理，我们知道，一个样本拥有比已知样本更多或更少的具有的性质 t 的元素的所有概率，总是小于已知样本拥有某种数量的具有性质 t 的元素的概率。因此，我们知道，对于任何 d，$P_d(N, k, n, x = nk/N)$ 总是大于 $P_d(N, k, n, x >$ 或 $< nk/N)$。

附录三　总体参数估值的概率

我们现在开始讨论概率空间、随机变量、分布函数、概率函数和密度函数的定义。概率空间由一个基本事件的（有穷或无穷）集合 S 和事件簇（family）F 组成。F 中的每一个事件都是基本事件的子集。事件簇 F 满足下列公理：

（1）不包含任何基本事件的集合 0 和包含所有基本事件的集合 S 都是事件。

（2）事件的可数集合的交集是事件。

（3）事件的可数集合的并集是事件。

（4）事件 A 的补集 $\overline{A}$ 是事件。

与一个事件 A 相关联的概率 $P(A)$ 具有下列性质：

（1）$P(A)$ 可以定义每一个事件 A。

（2）对于每一个事件 A，$P(A) \geq 0$。

（3）$P(S) = 1$。

（4）互斥事件的可数集合的并集的概率是它们概率的和。

随机变量 X 是有关概率空间的基本事件的实数值函数：每一个基本事件对应一个实数，即那个基本事件的随机变量的值。而且，对于每一个实数 a，基本事件的集合 $\{X = a\}$ 中，X 假定了该值是一个事件，而且对于每一个实数对 b 和 c，集合 $\{b < X < c\}$，$\{b \leq X < c\}$，$\{b < X \leq c\}$，$\{b \leq X \leq c\}$，$\{X \leq c\}$，$\{X < c\}$，$\{X \geq b\}$，$\{X > b\}$ 都是事件。随机变量 X 的分布函数 $F(X)$ 是实数变量 x 的函数，可以被定义为

$$F(x) = Pr\{X < x\}$$

离散随机变量 X 的概率函数 $f(x)$ 是实数变量 x 的函数，其中，每一个 x 的值就是 X 将要假定 x 值的概率：

$$f(x) = Pr(X = x)$$

那么

$$F(x) = Pr(X < x) = \sum_{t<x} f(t)$$

连续随机变量 X 的密度函数是实数变量 x 的函数，x 的性质满足每一个实数对 (a, b)，且 $a < b$

$$Pr\{a < X < b\} = \int_a^b f(x)\,\mathrm{d}x$$

那么

$$F(x) = Pr\{X < x\} - \int_{-\infty}^x f(t)\,\mathrm{d}t$$

和

$$F(x) = F'(x)$$

在每一个点 x 那里，f 都是连续的。

接下来，我们介绍随机变量的期望值、方差和标准偏差的定义。离散随机变量 X 的期望值、方差和标准偏差可以被表达为

$$E(X) = \sum_x xf(x)$$
$$V(X) = \sum_x [x - E(X)]^2 f(x)$$
$$\sigma_x = \sqrt{V(X)}$$

连续随机变量 X 的期望值、方差和标准偏差可以被表达为

$$E(X) = \int_{-\infty}^{\infty} xf(x)\,\mathrm{d}x$$
$$V(X) = \int_{-\infty}^{\infty} [x - E(X)]^2\,\mathrm{d}x$$
$$\sigma_x = \sqrt{V(X)}$$

在上述定义的基础上，我们可以从由超几何分布所刻画的总体来讨论随机抽样。超几何分布的随机变量是 n 次抽取中具有性质 A 的对象数。由于这个变量没有考虑到对象出现的秩序，所以对象每一次实际上被随机抽取一个、不放回，或者随机抽取、不放回，或者随机抽取一串，都是不重要的。超几何随机变量 X 的概率函数，从 M 是 A 的 N 个对象中抽取一串对象，其中是 A 的数量为：

181

$$P(X = x) = p(x; N, M, n)$$
$$= P(\text{在 } n \text{ 次抽取中 } x \text{ 是 } A \text{ 的数量})$$

$$= \frac{\binom{M}{x}\binom{N-M}{n-x}}{\binom{N}{n}} \quad (x=0,1,\cdots,n)$$

$$=0$$

否则，这个公式对于整数中所有可能的值 [从 0 到 $n-(N-M)$ 的更大的数，到 n 和 N 的更小的数] 都是成立的。超几何概率函数的分布函数是

$$F(x) = \sum_{t<x} \frac{\binom{M}{X}\binom{N-M}{n-x}}{\binom{N}{n}}$$

通过运用上述期望值、方差和标准偏差的定义，我们得到下述超几何分布的期望值、方差和标准偏差

$$E(X) = \frac{nM}{N}$$

$$V(X) = npq\frac{N-n}{N-1}$$

$$x = \sqrt{npq}\sqrt{\frac{N-n}{N-1}}$$

这里，单次试验 A 的概率 $p = M/N$，并且 $p+q=1$。

作为一个计算超几何概率的实例，我们可以假设 100 件物品中包括 20 件次品和 80 件优良品。假设从 100 件物品中不放回地随机抽取 20 件物品，那么在抽取中抽到次品的数量 X 的概率函数是

$$P(x;100,20,20) = \frac{\binom{20}{X}\binom{80}{20-x}}{\binom{100}{20}}$$

X 的概率函数的分布方差是

$$V(X) = 20 \times \frac{20}{100} \times \frac{80}{100} \times \frac{100-20}{100-1} \approx 2.6$$

$$X = \sqrt{2.6} \approx 1.6$$

$$E(X) = 20 \times \frac{20}{100} = 20 \times \frac{1}{5} = 4$$

我们如果参考雷伯曼（Gerald J. Lieberman）和欧文（Donald B. Owen）的《超几何概率分布表》（Tables of the Hypergeometric Probability Distribution, 1961），就会发现，样本实际上有 4 件次品的概率是 0.243 688，而且 X 的期望值在 $-\sigma+4<X<+\sigma+4$ 的范围内，样本将有 4 件次品的概率是 $0.215\,862+0.243\,688+0.191\,688=0.651\,238$。这表明，已知 X 的期望值，超几何分布的随机样本将具有相当高的概率，即优良品对次品的比例的期望值为 σ_x 的差值。

接下来的问题就是，如果我们不知道总体中优良品对次品的比例，如果我们从总体中取出 20 个样本，发现它们中的 4 个是次品，那么我们如何来估算总体中次品对优良品的比例？在这一点上，我们必须引入分布函数中的样本均值和参数值估算的概念。

如果 X_1，X_2，…，X_n 是通过随机变量 X 引入的总体中一个大小为 n 的样本的样本随机变量，那么我们就可以通过 n 个样本随机变量的算术平均数 $\overline{X}=1/n\sum_{i=1}^{n}X_i$ 来定义随机变量和样本均值。样本点 $(X_1, X_2, \cdots, X_n)$ 体现了这一特殊样本的样本均值

$$X = \frac{1}{n}\sum_{i=1}^{n}X_i$$

由于每个 x 都与 X 具有相同的分布，因此，对于每一个 i，都有 $E(Xi)=E(X)$。我们可以计算出

$$E(\overline{X}) = E\left(\frac{1}{N}\sum_{i=1}^{n}X_i\right) = \frac{1}{n}\sum_{i=1}^{n}E(X) = \frac{1}{n}nE(X) = E(X)$$

由于随机变量 X_i 的方差是独立的，因此，我们有

$$V(\overline{X}) = V\left(\frac{1}{n}\sum_{i=1}^{n}X_i\right) = \frac{1}{n^2}V\left(\sum_{i=1}^{n}X_i\right) = \frac{1}{n^2}\sum_{i=1}^{n}V(X_i)$$

再者，由于每一个 X_i 都与 X 具有相同的分布，因此，我们可以得到，对每一个 i，都有 $V(X_i)=V(X)$，使得

$$V(\overline{X}) = \frac{1}{n^2}\sum_{i=1}^{n}V(X) = \frac{1}{n^2}nV(X) = \frac{1}{n}V(X)$$

当

$$V(X) = \sigma^2 \text{ 或 } \sigma_x^2，则$$

$$V(\overline{X}) = \frac{\sigma^2}{n}，或 \frac{\sigma}{x} = \frac{\sigma_x}{\sqrt{n}}$$

我们要想到，随机变量的方差在某种意义上决定均值或期望值的随机变量的概率分布的紧密度或差量。我们观察到，对大的 n 而言，$\overline{X}$ 的方差是非常小的，相应地可以设想，如果 n 是大的，那么 $\overline{X}$ 假设一个接近均值的数值的概率就会高。由于 $E(\overline{X})=E(X)$，所

以这再一次意味着，无论什么样的总体分布（假定它有一个有穷方差），随着样本大小的增加，样本均值的分布都将变得越来越接近总体的均值。这在本质上就是大数法则，我们可以用一种更加精确的形式来陈述这一大数法则：

大数法则　假设 X_1，X_2，…是随机变量的任意序列，其期望值为 $E(X_1)$，$E(X_2)$…进一步假设随机变量 $\sum_{i=1}^{n} X_i$ 对每一个正整数 n 都有一个方差。

如果

$$V\left(\frac{1}{n}\sum_{i=1}^{n} Y_i\right)\to 0,\text{当 } n\to\infty$$

如果 ε 是一个正整数，那么

184

$$Pr\left\{\left|\frac{1}{n}\sum_{i=1}^{n}\left[X_i - E(X_i)\right]\right|\geq\varepsilon\right\}\to 0,\text{当 } n\to\infty$$

或者等价于

$$Pr\left\{\left|\frac{1}{n}\sum_{i=1}^{n}\left[X_i - E(X_i)\right]\right|<\varepsilon\right\}\to 1,\text{当 } n\to\infty$$

因为该定理的证明在任何一本标准的概率论教材中都能被找到，在此我们就将它省略了。从这个一般的大数法则来看，显然可得出下列两个重要的系定理：

系定理1　如果 $\overline{X}$ 是总体中大小为 n 的随机样本的样本均值，该总体由具有均值 μ 和标准偏差 σ 的随机变量 X 引起，并且如果 $\varepsilon>0$，那么

$$Pr\{|\overline{X}-\mu|\geq\varepsilon\}\to 0,\text{当 } n\to\infty$$

或者

$$Pr\{|\overline{X}-\mu|<\varepsilon\}\to 1,\text{当 } n\to\infty$$

换句话说，如果样本范围大，则概率就高，该样本均值 $\overline{X}$ 将接近总体的均值 μ。通过抽取范围足够大的样本，我们就能够使得概率接近我们所期望的值，即我们应该能获得的样本均值将接近我们所期望的总体均值。

系定理2　（贝努里定理）如果 S_n 代表以概率为 P 的事件在 n 个独立试验中的成功数量，并且如果 $\varepsilon>0$，那么

$$Pr\left\{\left|\frac{S_n}{n}-p\right|\geq t\right\}\to 0,\text{当 } n\to\infty$$

或者

$$Pr\left\{\left|\frac{S_n}{n}-p\right|<t\right\}\to 1,\text{当 } n\to\infty$$

在大数法则的帮助下，我们仍然不能解决所提出的问题，即从总体的具体样本中已知的样本均值 $\overline{X}$ 来估值或估算关于总体中的比例 M/N。从大数法则我们所知道的仅仅是，如果我们的样本足够大，则概率将会提高，即在《超几何分布表》（Tables for Hypergeometric Distributions）的帮助下，已知值 $\overline{X}$ 将会非常接近 X 的期望值。然而，如果给定了总体的范围，那么我们就的确能够确定一个概率有多高，就能确定 $\overline{X}$ 将接近 X 的期望值的方差有多大。在不知道总体的范围有多大的情况下，通过应用更强的定理，即中心极限定理，我们仍然可以估算出该总体的均值将接近样本均值的概率；反之亦然。

中心极限定理　如果一个总体具有一个有穷方差 σ^2 和均值 μ，那么随着样本大小 n 的增加，样本均值的分布将会接近方差 σ^2/n 和均值 $\overline{X_n}$ 的正态分布。现在，一个随机变量 Z 有（标准化的）正态分布，如果它有概率密度函数 $\varphi(Z)$ 被给出为

$$\varphi(Z) = \frac{1}{\sqrt{2\pi}} e^{-z^2/2}$$

这样一个随机变量的均值、方差和标准偏差是

$$E(Z) = \frac{1}{\sqrt{2\pi}} \int_{-\infty}^{\infty} ze^{-z^2/2} \mathrm{d}z = 0$$

$$V(Z) = \frac{1}{\sqrt{2\pi}} \int_{-\infty}^{\infty} z^2 e^{-z^2/2} \mathrm{d}z = 1$$

$$\sigma_z = \sqrt{V(Z)} = 1$$

要以更加严格的形式来阐述中心极限定理，我们有：如果 $\overline{X_n}$ 是来自具有均值 μ 和标准偏差 σ 的总体的、大小为 n 的样本的样本均值，那么对任一实数对 a 和 b（其中 $a < b$）有

$$Pr\left\{a < \frac{\overline{X_n} - \mu}{\sigma/\sqrt{n}} < b\right\} \to \frac{1}{\sqrt{2\pi}} \int_a^b e^{-z^2/2} \mathrm{d}z, \text{当 } n \to \infty$$

或者

$$Pr\left\{\mu + \frac{a}{\sqrt{n}} < \overline{X_n} < \mu + \frac{b}{\sqrt{n}}\right\} \to \frac{1}{\sqrt{2\pi}} \int_a^b e^{-z^2/2} \mathrm{d}z, \text{当 } n \to \infty$$

在任何一本标准的概率论教材中都能找到中心极限定理的证明，在此我们就将它省略了。

中心极限定理事实上是非常重要的。给定足够大的、大小为 n 的样本，我们总是能够用样本均值去估算总体均值，并且用该样本均值的方差去估算总体均值除以 n 的方差值，这样，我们就能计算出总体均值的方差值。这是因为，当样本具有足够大的范围时，样本均值的分布就会接近常态，因而它的均值就会接近总体的均值，总体具有标准

偏差 $\sigma/\sqrt{n}$，这里，μ 和 σ^2 是该有穷总体的方差与标准偏差。换句话说，我们可以有如下情况：

$$\mu = \overline{X} = \frac{1}{n} \sum_{1}^{n} X_i$$

$$S^2 = \hat{\sigma}^2 = \frac{1}{n} \sum_{1}^{n} (X - \overline{X})^2$$

这里的 $\hat{\mu}$ 和 $\hat{\sigma}^2$ 被称为，当样本 n 很大时，总体的 μ 和 σ^2 的估计量。这从中心极限定理来看也是清楚的，样本越大，我们就越能确定样本均值将会是总体均值的充足估计量。

现在我们可以证明，中心极限定理使我们能够通过样本参数的已知值去计算关于总体参数值的估算概率。存在下列办法来这样做。（1）让我们考虑一个实例。我们有大量的物品，并希望通过随机抽样来估算次品。让我们运用中心极限定理去发现一个具有以下性质的数 N：如果你抽取大小为 N 或更大的一个样本，那么它的概率至少为 0.95，次品的平均数 $\overline{X}$ 将不同于小于 0.1 的实际比例。我们希望有

$$Pr\{|\overline{X} - p| < 0.1\} \geqslant 0.95$$

或者

$$Pr\{-0.1 < \overline{X} - p < 0.1\} \geqslant 0.95$$

这里，$E(\overline{X}) = p$，$\sqrt{V(\overline{X})} = \sigma_x = \sqrt{pq/n}$。每个不等式两边都除以 σ_x，我们得到

$$Pr\left\{-0.1\sqrt{n/pq} < \frac{\overline{X} - p}{\overline{X}} < 0.1\sqrt{n/pq}\right\} \geqslant 0.95$$

根据中心极限定理，左边的概率对大的 n 来说是通过下列公式来给定的

187

$$\frac{1}{\sqrt{2\pi}} \int_{-0.1\sqrt{m/pq}}^{0.1\sqrt{n/pq}} e^{-z^2/2} dz$$

我们从表中发现这一概率将至少为 0.95

如果

$$0.1\sqrt{n/pq} \geqslant 1.96$$

或者如果

$$n \geqslant (19.6)^2 pq$$

既然对 0 和 1 之间的所有 p 来说，$pq = p(1-p) \leqslant 1/4$，或者无论 p 是多少，都将至少是 $(19.6)^2 pq$，如果

$$n \geqslant (19.6)^2 (1/4) \approx 96$$

因此，无论次品的未知比例是多少，概率都将至少是 0.95，即大小约 100 的样本中发现的平均数将不同于小于 0.1 的实际比例。

（2）现在假设样本均值的密度函数是 $g(\overline{X})$，这里，$\overline{X}$ 是来自具有密度函数 $f(x)$ 的总体的、大小为 n 的样本的均值。我们已经发现，$g(\overline{X})$ 的均值和方差是 μ 与 σ^2/n，这里 μ 与 σ^2 是 $f(x)$ 的均值和方差。从方差的定义可以推断出

$$\sigma^2\overline{X} = \sigma^2/n = \int_{-\infty}^{\infty} (\overline{X}-\mu)^2 g(\overline{X})\,d\overline{X}$$

$$= \int_{-\infty}^{-(\alpha\sigma\sqrt{n})} (\overline{X}-\mu)^2 g(\overline{X})\,d\overline{X} + \int_{-(\alpha\sigma/\sqrt{n})}^{+(\alpha\sigma/\sqrt{n})} (\overline{X}-\mu)^2 g(\overline{X})\,d\overline{X} + \int_{+(\alpha\sigma/\sqrt{n})}^{\infty} (\overline{X}-\mu)^2 g(\overline{X})\,d\overline{X}$$

这里，n 是任意一个可选择的正整数。

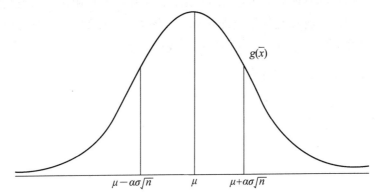

$g(\overline{x})$

$\mu-\alpha\sigma\sqrt{n}$ μ $\mu+\alpha\sigma\sqrt{n}$

188   将这一等式还原为一个不等式，我们不做第二次积分，并且以 $a^2\sigma^2/n$ 来代替第一次积分的 $(\overline{X}-\mu)^2$，这里 $|\overline{X}-\mu| \geq a\sigma/\sqrt{n}$，那么我们有

$$\sigma^2/n > a^2\sigma^2/n \int_{-\infty}^{\mu-(a\sigma/\sqrt{n})} g(\overline{X})\,d\overline{X} + a^2\sigma^2/n \int_{\mu+(a\sigma/\sqrt{n})}^{\infty} g(\overline{X})\,d\overline{X}$$

既然该不等式的两个积分精确地给出了 X 位于 $\mu-(\alpha\sigma/\sqrt{n})$ 到 $\mu+(\alpha\sigma/\sqrt{n})$ 区间之外的概率，因此，我们有

$$1/a^2 > p(|\overline{X}-\mu| > a\sigma\sqrt{n})$$

那么，令 $a\sigma/\sqrt{n}=b$，则 $1/a^2 = \sigma^2/ab^2$，并且我们有

$$P(|\overline{X}-\mu| > b) < \sigma^2/ab^2$$

或者

$$P(-b < \overline{X}-\mu < b) > 1 - \sigma^2/ab^2$$

这一关系就是著名的切比雪夫不等式（Tchebysheff's inequality）。关于它，我们可以选择任意小的数 b，确定关于总体均值的一个小区间（small interval）；这样做之后，我们可选择一个足够大的 n 给定一个几乎接近我们要求的概率的值，其样本均值将在包括总体均值的小区间范围内。关于如何运用该公式来计算样本均值将在包括总体均值的小区间（选择一个小值 b 来确定）范围内的概率，可以给出一个如下实例。

假设我们有一个包括 30 件物品的样本，其中我们发现有 10 件是次品。我们设 $b = 0.1$。那么，样本均值 $\overline{X} = 1/3$ 将在小区间 $(\mu - 0.1, \mu + 0.1)$ 范围内的概率被给定为

$$P(-0.1 < 1/3 - \mu < 0.1) > 1 - \sigma^2/nb^2$$

但是，我们并不知道总体的 σ^2。我们可以在中心极限定理的基础上通过 $S^2 = 2/9$ 去估算 σ^2。因此，$\sigma^2/nb^2 = 0.02/270 = 2/27\,000$。因此

$$P(-0.1 < 1/3 - \mu < 0.1) > 1 - 2/2\,700 = 2\,698/2\,700$$

（3）这里，我们需要引入正态分布的概然误差和标准误差的概念。

概然误差，简称 p.e.，被定义为特别偏差，是指它将概率分布曲线下区域的左半边（或右半边）分割成两个相等的部分。因此，观察在 ±p.e. 范围内的偏差的概率是 1/2。　*189*
这可以在下图中得到显示：

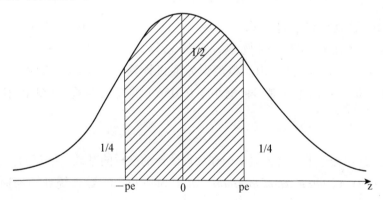

换句话说，对于一个正态分布，

$$\text{总面积} = \int_{-\infty}^{\infty} \frac{1}{\sqrt{2\pi}\sigma} e^{-x^2/2\sigma^2} \mathrm{d}z = 1$$

p.e. 是 z 对于下式的特别值

$$\frac{1}{2} = \frac{1}{\sqrt{2\pi}\sigma} \int_{0}^{x=pe} e^{-x^2/2\sigma^2} \mathrm{d}x$$

$$\text{p.e.} = 0.476\,9/(1/\sigma\sqrt{2}) = (0.476\,9/0.707)\sigma \approx 0.674\,5\sigma$$

根据定义，概然误差是 50% 置信界限（confidence limit）；任何其他的置信界限，比

如90%置信界限，都可以用推断概然误差的方式被推断出来。因此，对于90%的界限，

$$0.90 = \frac{2}{\sqrt{2\pi}\sigma}\int_0^{x=(90\%\,cl)} e^{-x^2/2\sigma^2}\mathrm{d}x$$

$$90\%\,cl = (1.164/0.707)\sigma$$

这里，对于 $x = \sigma$，置信界限是

$$\frac{2}{\sqrt{2\pi}\sigma}\int_0^{x=\sigma} e^{-x^2/2\sigma^2}\mathrm{d}x = 0.6826$$

190　　这就是说，观察在 $\pm\sigma$ 范围内的偏差的概率为0.683。这里的 σ 被称为正态分布的标准误差。

具有正态分布——μ 将在由概然误差所确定的小区间范围内，并且将在由标准误差所确定的小区间范围内——所固定的概率的常量值，如果样本相当大的话，那么就容易计算概然误差和标准误差，即给定样本均值 $\overline{X}$，将估算出总体均值概率为1/2 和0.6826。

再给一个实例。假设我们从大量的物品中抽取30件作为样本，发现10件是次品。1/3（$\overline{X}$ 的值）的估算总体均值，比如总体将有1/3 的次品，其概率的标准误差为0.6826，这是可以通过公式 $\overline{X}/\sqrt{n} = \sqrt{(1/3(2/3)/\sqrt{30})} \approx 0.084$ 计算出来的。这也就是说，存在0.6826 的概率，它的总体均值将在包括样本均值（1/3 - 0.084，1/3 + 0.084）的区间内。概然误差通过计算0.6745 × 0.084 ≈ 0.0567 可以得到。因此，存在1/2 的概率，根据小于0.0567 的概然误差，1/3 将不是总体中次品的实际比例。

上述附录是在参考下列有关概率论和数理统计的教材的基础上撰写的：

Brunk，H. D. *An Introduction to Mathematical Statistics*（《数理统计导论》），Ginn and Company，1960.

Feller，William. *An Introduction to Probability Theory and Its Applications*（《概率论及其应用导论》），Vol. 1，Second edition，John Wiley and Sons，1962.

Lieberman，Gerald J. and Donald B. Owen. *Tables of the Hypergeometric Probability Distribution*（《超几何概率分布表》），Stanford University Press，1961.

Lindgran，B. W. *Statistical Theory*（《统计理论》），MacMillan Company，1962.

McCarthy，Philip J. *Introduction to Statistical Reasoning*（《统计推理导论》），McGraw-Hill Book Company，1957.

Mood，Alexander M. *Introduction to the Theory of Statistics*（《统计学理论导论》），McGraw-Hill Book Company，1950.

Parratt，Lyman G. *Probability and Experimental Errors in Science*（《科学中的概率论和实验误差》），John Wiley and Sons，Inc. 1961.

Parzen，Emanuel. *Modern Probability Theory and Its Application*（《现代概率论及其应用》），John Wiley and Sons，1960.

参考文献

皮尔士的作品

191   *Chance*, *Logic and Love*（《机遇、逻辑与爱》），ed. with an Introduction by W. R. Cohen, New York: Harcourt, Brace & Co. , 1923.

    C. S. Peirce: *Essays in the Philosophy of Science*（《皮尔士：科学哲学散论》），ed. with an Introduction by V. Tomas, New York: The Bobbs-Merrill Co. , Inc. , 1957.

    The Collected Papers of Charles Sanders Peirce（《查尔斯·桑德斯·皮尔士论文集》），Vols. , I – VI, ed. by Charles Hartshorne and Paul Weiss; Vols. VII – VIII, ed. by Arthur W. Burks, Cambridge: Harvard University Press, 1931–1958.

    The Philosophy of Peirce: *Selected Writings*（《皮尔士哲学：作品精选》），ed. with an Introduction by J. Buchler, London: Kegan Paul, Trench, Trubner & Co. , 1940; Reprinted ed. , *Philosophical Writings of Peirce*（《皮尔士的哲学著作》），New York: Dover Publications, 1995.

关于皮尔士的作品

    Berry, G. D. W. "Peirce's Contributions to the Logic of Statements and Quantifiers"（《皮尔士对命题逻辑和量词逻辑的贡献》），Wiener and Young, 153–165.

    Bernstein, Richard J. , Ed. *Perspectives on Peirce*（《皮尔士展望》），*Critical Essays on C. S. Peirce*, New Haven: Yale University Press, 1965.

    Bird, Otto. "Peirce's Theory of Methodology"（《皮尔士的方法论》），*Philosophy of Science*, 26, 1959, 187–200.

    —— "What Peirce Means by Leading Principles"（《皮尔士的推导原则意味着什么》），*Notre Dame Journal of Formal Logic*, 3, 1962, 175–178.

    Braithwaite, B. R. Review of *Collected Papers of C. S. Peirce*（《对〈皮尔士论文集〉的

评论》），Vols. Ⅰ - Ⅳ, *Mind*, 43, 1934, 487−511.

Bolder, J. F. *The Structure of Realism in the Philosophy of Charles Sanders Peirce*（《查尔斯·桑德斯·皮尔士哲学中的实在论结构》），Harvard University unpublished Ph. D. thesis, 1960.

—— *Charles Peirce and Scholastic Realism*, *A Study of Peirce's Relation to John Duns Scotus*（《查尔斯·皮尔士和经院实在论：皮尔士与约翰·邓斯·司各脱的关系研究》），Seattle：University of Washington Press, 1963.

Buchler, J. *Charles Peirce's Empiricism*（《查尔斯·皮尔士的经验论》），London：Kegan Paul, Trench, Trubner & Co. , 1939.

Burks, A. W. *The Logical Foundation of the Philosophy of Charles Sanders Peirce*（《查尔斯·桑德斯·皮尔士哲学的逻辑基础》），University of Michigan unpublished Ph. D. thesis, 1941.

—— "Peirce's Conception of Logic as a Normative Science"（《皮尔士关于逻辑作为规范科学的概念》），*Philosophical Review*, 52, 1943, 187−193.

—— "Peirce's Theory of Abduction"（《皮尔士的推导理论》），*Philosophy of Science*, 13, 1946, 301−306.

Feldstein, Leonard C. *The Norms of Science*：*An Evaluation of the Views of Meyerson, Duhem and Peirce*（《科学规范：关于梅耶森、杜亥姆和皮尔士观点的评价》），Columbia University Ph. D. thesis, abstracted in：Dissertation Abstracts, 17, 1957, 1784−1785.

Goudge, T. A. *The Thought of C. S. Peirce*（《皮尔士的思想》），Toronto：University of Toronto Press, 1950.

Holmes, Larry. *Charles Sanders Peirce and Scientific Metaphysics*（《查尔斯·桑德尔·皮尔士与科学的形而上学》），Harvard University Ph. D. thesis, 1962.

—— "Prolegomena to Peirce's Philosophy of Mind"（《皮尔士心灵哲学导论》），Moore and Robin, 359−381.

Huggett, William J. *Charles Peirce's Search for a Method*（《查尔斯·皮尔士关于方法的研究》），University of Toronto Ph. D. thesis, 1954.

Knight, Thomas Stanley. *Charles Peirce*（《查尔斯·皮尔士》），New York：Washington Square Press, 1965.

MacDonald, Audrey. *Peirce's Philosophy of Mind*（《皮尔士的心灵哲学》），University of Texas Ph. D. thesis, 1963.

—— "Peirce's Logic：An Objective Study of Reasoning"（《皮尔士的逻辑：一个客观的推理研究》），*The Monist*, 48, 1964, 332−345.

MacDonald, Margaret. "Charles Sanders Peirce on Language"（《查尔斯·桑德尔·皮

192

尔士论语言》），*Psyche*，15，1935，108−128.

—— "Language and Reference"（《语言与参考》），*Analysis*，4，1936，33−41.

Madden，Edward H. "Chance and Counterfacts in Wright and Peirce"（《莱特与皮尔士的机遇和反事实》），*Review of Metaphysics*，9，1956，420−432.

—— "Charles Sanders Peirce's Search for a Method"（《查尔斯·桑德尔·皮尔士关于方法的研究》），in *Theories of Scientific Method*，Ralph M. Blake，Curt J. Ducasse，and Edward H. Madden，Seattle：University of Washington Press，1960，248−262.

—— *Chauncey Wright and the Foundations of Pragmatism*（《西昌·莱特与实用主义的基础》），Seattle：University of Washington Press，1963.

—— "Peirce on Probability"（《皮尔士论概率》），Moore and Robin，122−140.

McColl，Hugh. "A Note on Professor Charles Sanders Peirce's Probability Notation of 1867"（《查尔斯·桑德尔·皮尔士在1867年关于概率概念的一个解释》），*Proceedings of the London Mathematical Society*，12，1881，102.

Milmed，Bella Kussy. *Kant and Current Philosophical Issues：Some Modern Developments of his Theory of Knowledge*（《康德与当代哲学问题：其知识论的一些现代发展》），New York：New York University Press. 1961.

Moore，Edward Carter. *American Pragmatism：Peirce，James，and Dewey*（《美国实用主义：皮尔士、詹姆斯和杜威》），New York：Columbia University Press，1961.

—— and Robin，Richard S.，eds. *Studies in the Philosophy of C. S. Peirce*（《皮尔士哲学研究》），Second Series，Amherst：University of Massachusetts Press，1964.

Moore，E. O. "The Scholastic Realism of C. S. Peirce"（《皮尔士的经院实在论》），*Philosophy and Phenomelogical Research*，12，1952，406−417.

Mullin，Albert Alkins. *Philosophical Comments on the Philosophies of C. S. Peirce and Ludwig Wittgenstein*（《关于皮尔士和路德维希·维特根斯坦哲学的哲学评论》），Urbana，Illinois：Electrical Engineering Research Laboratory，Engineering Experiment Station，University of Illinois，1961.

Murphey，Murray G. *The Development of Peirce's Philosophy*（《皮尔士哲学的发展》），Cambridge，Massachusetts：Harvard University Press，1961.

—— *The Synechism of Charles S. Peirce*（《查尔斯·皮尔士的连续论》），Yale University Ph. D. thesis，1954.

Negal，E. "Charles S. Peirce，Pioneer of Modern Empiricism"（《查尔斯·皮尔士：现代经验论的先锋》），*Philosophy of Science*，7，1940，69−80.

—— "Charles Peirce's Guess at the Riddle"（《查尔斯·皮尔士猜想之谜》）（Review of *The Collected Papers*，Vols. I − II），*Journal of Philosophy*，30，1933，365−386.

O'Connell, J. "C. S. Peirce and the Problem of Knowledge"（《皮尔士与知识问题》），*Philosophical Studies*, 7, 1957, 3-42.

Quine, W. V. Review of *The Collected Papers*（《〈论文集〉的评论》），Vol. II, *Issis*, 19, 1933, 220-229; Review of *The Collected Papers*（《〈论文集〉的评论》），Vol. III, Ibid., 22, 1934-1935, 285-297;

Review of *The Collected Papers*（《〈论文集〉的评论》），Vol. IV, Ibid., 22, 1934-1935, 551-553.

Reese, William. "Philosophical Realism: A Study in the Modality of Being in Peirce and Whitehead"（《哲学实在论：关于皮尔士和怀特海的存在模态研究》），Wiener and Young, 225-237.

—— "Peirce on Abstraction"（《皮尔士论抽象》），*Review of Metaphysics*, 14, 1961, 704-713.

Robin, Richard Shale. *Critical Common-sensism: A Critical Study in the Philosophy of Charles Peirce*（《批判常识论：查尔斯·皮尔士哲学的批判性研究》），Harvard University Ph. D. thesis, 1958.

—— "Peirce's Doctrine of the Normative Sciences"（《皮尔士关于常规科学的教条》），Moore & Robin, 271-228.

Rorty, Richard. "Pragmatism, Categories, and Language"（《实用主义、范畴与语言》），*Philosophical Review*, 70, 1961, 197-223.

Thompson, Manley. *The Pragmatic Philosophy of C. S. Peirce*（《皮尔士的实用主义哲学》），Chicago: University of Chicago Press, 1953.

—— "The Logical Paradoxes and Peirce's Semiotic"（《逻辑悖论与皮尔士的符号学》），*Journal of Philosophy*, 46, 1949, 513-516.

—— "The Paradox of Peirce's Realism"（《皮尔士实在论的矛盾》），Wiener and Young, 133-142.

—— Review of Murphey（《墨菲的评论》），*Philosophical Review*, 72, 1963, 117-119.

Turquette, Atwell R. "Peirce's Icons for Deductive Logic"（《皮尔士演绎逻辑图标》），Moore & Robin, 95-108.

Wennerberg, Hjalmar. *The Pragmatism of Charles Peirce: An Analytical Study*（《查尔斯·皮尔士的实用主义：一个分析的研究》），Lund: C. W. K. Gleerup, 1962.

Wiener, Philip P. *Evolution of the Founders of Pragmatism*（《实用主义创立者的变革》），Cambridge, Massachusetts: Harvard University Press, 1949.

Wiener, Philip P. and Young. F. H., eds. *Studies in the Philosophy of C. S. Peirce*

193

（《皮尔士哲学研究》），Cambridge，Massachusetts：Harvard University Press，1952.

刘易斯的作品

An Analysis of Knowledge and Valuation（《对知识和评价的分析》），La Salle：The Open Court Publishing Co.，1946.

A Survey of Symbolic Logic（《符号逻辑通览》），Berkeley：University of California Press，1918.

Mind and the World-Order（《心灵与世界秩序》），New York：C. Scribner's Sons，1929.

Our Social Inheritance（《我们的社会遗传》），Bloomington，Indiana：Indiana University Press，1957.

Symbolic Logic（《符号逻辑》），with Harold Langford，New York and London：The Century Company，1932.

The Ground and Nature of the Right（《权利的基础和本质》），New York：Columbia University Press，1955.

The Pragmatic Element in Knowledge（《知识的实用因素》），*The University of California Publications in Philosophy*，Berkeley：University of California Press，1926.

"Logic and Pragmatism，*Contemporary American Philosophy*"（《逻辑与实用主义：当代美国哲学》），G. P. Adams and W. P. Montague，London：G. Allen & Unwin，Ltd.；New York：The Macmillan Company，eds.，2，1930，31−51.

"The Modes of Meaning"（《意义的模式》），in "A Symposium on Meaning and Truth-Part I"，*Philosophy and Phenomelogical Research*，2，1943，236−252.

"Some Suggestions Concerning Metaphysics of Logic"（《关于逻辑形而上学的一些意见》），in *American Philosophers at Work*，ed. Sidney Hook，New York：Criterion Books，Inc.，1956，93−105.

关于刘易斯的作品

Ambrose，Alice. "A Critical Discussion of *Mind and the World-Order*"（《关于〈心灵与世界秩序〉的一个批评性的讨论》），*Journal of Philosophy*，28，1931，365−380.

Baylis，Charles A. "C. I. Lewis's Theory of Ethics"（《刘易斯的伦理学理论》），*Proceedings of the Sixty-first Annual Meeting of the American Philosophical Association*，*Eastern Division*，*Journal of Philosophy*，61，1964，559−566.（Comments by William K. Frankena，567）

—— "Critical Comments on the Symposium on Meaning and Truth"（《关于〈意义与真的专题论文集〉的批评性评论》），*Philosophy and Phenomelogical Research*，5，1944，80－93；The first section of the paper is on Lewis's "The Modes of Meaning"（《论刘易斯〈意义的模式〉论文的第一节》）.

Firth, Roderick. "Coherence, Certainty, and Epistimic Priority"（《相关性、必然性和认识优先》），*Proceedings of the Sixty-first Annual Meeting of the American Philosophical Association*，*Eastern Division*，*Journal of Philosophy*，61，1964，545－556.（Comments by Richard B. Brandt，557－558）

Frankena, William K. "C. I. Lewis on the Ground and the Nature of the Right"（《刘易斯论权利的基础和本质》），*Journal of Philosophy*，61，1964，489.

Hempel, C. G. Review of *An Analysis of Knowledge and Valuation*（《〈对知识和评价的分析〉的评论》），*Journal of Symbolic Logic*，1948，40－45.

Henle, Paul. Review of Lewis's *An Analysis of Knowledge and Valuation*（《刘易斯〈对知识和评价的分析〉的评论》），*Journal of Philosophy*，45，1948，524－552.

Miller, Hugh. Review of *Mind and World-Order*（《〈心灵与世界秩序〉的评论》），*Philosophical Review*，40，1931，573－579.

Milmed, Bella Kussy. *Kant and Current Philosophical Issues：Some Modern Developments of his Theory of Knowledge*（《康德与当代哲学问题：其知识论的一些现代发展》），New York：New York University Press，1961.

Schiller, F. C. *Review of Mind and World-Order*（《〈心灵与世界秩序〉的评论》），*Mind*，39，505－507.

Wells, R. S. Review of *An Analysis of Knowledge and Valuation*（《〈对知识和评价的分析〉的评论》），*Review of Metaphysics*，2，1949，99－115.

Williams, Donald C. "Clarence Irving Lewis 1883－1964"［《克拉伦斯·欧文·刘易斯（1883－1964）》］，*Philosophy and Phenomenological Research*，26，1965，159－172.

关于归纳和概率的作品

Achinstein, Peter. "Circularity and Induction"（《循环与归纳》），*Analysis*，23，1963，123－127.

—— "The Circularity of Self-Supporting Inductive Arguments"（《自我支持归纳论证的循环》），*Analysis*，22，1962，138－141.

Ayer, A. J. *Language，Truth and Logic*（《语言、真理与逻辑》），New York：Dover，1952.

—— *The Problem of Knowledge*（《知识问题》），New York：St. Martin's Press，1956.

Barker, S. F. *Induction and Hypothesis：A Study of the Logic of Confirmation*（《归纳与

194

假设：证实逻辑研究》），Ithaca：Cornell University Press，1957.

—— "On the New Riddle of Induction"（《论新的归纳之谜》），with Peter Achinstein，*Philosophical Review*，69，1960，511-522.

Bergmann，Gustav. "The Logic of Probability"（《概率逻辑》），*American Journal of Physics*，9，5，1941，263-272.

Black，Max. *Language and Philosophy*（《语言与哲学》），Ithaca：Cornell University Press，1949.

—— "Self-Supporting Inductive Arguments"（《自我支持归纳论证》），*Journal of Philosophy*，55，1958，718-725.

—— *Philosophy and Language*（《哲学与语言》），Ithaca：Cornell University Press，1941.

—— *Problems of Analysis*（《分析问题》），Ithaca：Cornell University Press，1954.

—— "Self-Support and Circularity：A Reply to Mr. Achinstein"（《自我支持与循环：对阿钦斯坦先生的回应》），*Analysis*，23，1962，43-44.

Boole，George. *The Laws of Thought*（《思维规律》），Chicago and London：The Open Court Publishing Company，1940.

Braithwaite，R. B. *Scientific Explanation*（《科学的解释》），Cambridge：Cambridge University Press，1953.

Broad，C. D. "On the Relation Between Induction and Probability"（《论归纳和概率的关系》），*Mind*，27，108，1918，26-45；29，113，1920，11-45.

—— "The Principles of Problematic Induction"（《问题式归纳的原则》），*Proceedings of the Aristotelian Society*，28，1928，1-46.

—— "Mr. von Wright on the Logic of Induction"（《冯·莱特先生论归纳逻辑》），*Mind*，53，1944，1-24.

Brodbeck，May. "An Analytic Principle of Induction"（《归纳的一个分析原则》），*Journal of Philosophy*，49，1952，747-750.

Buchdahl，G. "The Inductive Process and Inductive Inference"（《归纳过程与归纳推论》），*The Australian Journal of Philosophy*，24，1956，164-181.

Burks，A. W. "Reichenbach's Theory of Probability and Induction"（《赖辛巴赫的概率和归纳理论》），*Review of Metaphysics*，4，1951，377-393.

—— "The Presupposition Theory of Induction"（《归纳的预设理论》），*Philosophy of Science*，20，1953，177-197.

Carlsson，Gösta. "Sampling，Probability，and Casual Inference"（《抽样、概率与因果推论》），*Theoria*，18，1952.

Carnap, Rudolf. *Logical Foundations of Probability*（《概率的逻辑基础》）, Chicago：University of Chicago Press, 1950.

—— "On Inductive Logic"（《论归纳逻辑》）, *Philosophy of Science*, 12, 1945, 72－97.

—— "On the Application of Inductive Logic"（《论归纳逻辑的应用》）, *Philosophy and Phenomenological Research*, 8, 1947, 133－147.［Reply to Goodman（1946）］

—— "Remarks on Induction and Truth"（《归纳和真理述评》）, *Philosophy and Phenomenological Research*, 6, 4, 1946, 590－602.

—— "*The Continuum of Inductive Methods*"（《归纳法的连续统》）, Chicago：The University of Chicago Press, 1952.

—— "Remarks to Kemeny's Paper"（《凯梅尼论文述评》）, *Philosophy and Phenomenological Research*, 13, 3, 1953, 375－376.

—— "Reply to Nelson Goodman"（《对纳尔逊·古德曼的回应》）, *Philosophy and Phenomenological Research*, 8, 1947, 461－462.［Reply to Goodman（1947）］

—— "Replies and Systematic Expositions"（《回应和系统解释》）, *The Philosophy of Rudolf Carnap*, ed. by Paul Arthur Schilpp, La Salle：The Open Court Publishing Company, 1963.

—— "The Aim of Inductive Logic"（《归纳逻辑的目的》）, *Logic*, *Methodology and Philosophy of Science*, ed. by Ernest Nagel, Patrick Suppes, and Alfred Garshi, Palo Alto：Stanford University Press, 1962.

Church, Alonzo. "On the Concept of a Random Sequence"（《论随机序列概念》）, *Bulletin of the American Mathematical Society*, 46, 1940, 130－135.

Churchman, C, West. "Carnap's on Inductive Logic"（《卡尔纳普论归纳逻辑》）, *Philosophy of Science*, 13, 1945, 339－342.

—— "Probability Theory"（《概率论》）, *Philosophy of Science*, 12, 13, 1945, 147－173.

Day, J. P. *Inductive Probability*（《归纳概率》）, New York：The Humanities Press, 1961.

Dewey, John. *Logic*, *The Theory of Inquiry*（《逻辑：探究的理论》）, New York：H. Holt & Co., 1938.

Dubs, Homer H. "The Principle of Insufficient Reason"（《不充足理由原则》）, *Philosophy of Science*, 9, 21, 1942, 123－130.

Ducasse, C. J. "A Neglected Interpretation of Probability"（《一个被忽视的概率解释》）, *Proceedings of the Seventh International Congress on Philosophy*, Cambridge, Massachusetts: Harvard University Press, 1926; New York: Longmans, Green and Co., 1927.

—— "Some Observations Concerning the Nature of Probability"（《关于概率本质的一些考察》）, *Journal of Philosophy*, 38, 15, 1941, 393−403.

Edwards, Paul. "Russell's Doubts about Induction"（《罗素对归纳的怀疑》）, *Mind*, 58, 1949, 141−163.

Feibleman, James. "Pragmatism and Inverse Probability"（《实用主义与逆向概率》）, *Philosophy and Phenomenological Research*, 5, 1945, 309−319.

Feigl, Herbert. "Confirmability and Configuration"（《确证与构造》）, *Revue International de Philosophie*, 5, 1951.

—— "De Principiis non est Disputandum···on the Meaning and the Limits of Justification"（《不可争辩的原则：论辩护的含义与限度》）, *Philosophical Analysis*, Max Black, (ed.), Ithaca: Cornell University Press, 1950.

—— "Some Major Issues and Developments in the Philosophy of Science"（《科学哲学中的若干重要问题及其发展》）, *Minnesota Studies in the Philosophy of Science*, Minneapolis: University of Minnesota Press, I, 1956.

—— "The Logical Character of the Principle of Induction"（《归纳原则的逻辑特征》）, *Philosophy of Science*, I, I, 1934, 20−29. Reprinted in Feigl and Sellars, *Readings in Philosophical Analysis*. New York: Appleton Century Crofts, 1949.

Feyerabend, P. K. "A Note on the Problem of Induction"（《关于归纳问题的一个解释》）, *Journal of Philosophy*, 61, 12, 1964, 348−372.

Finch, Henry Albert, "An Explanation of Counterfactual by Probability Theory"（《一个概率论的反事实解释》）, *Philosophy and Phenomenological Research*, 18, 1958, 368−378.

Fisher, Ronald Aylmer. "Inverse Probability"（《逆向概率》）, *Proceedings of the Cambridge Philosophical Society*, 16, 1930.

—— "The Logic of Inductive Inference"（《归纳推论的逻辑》）, *Journal of the Royal Statistical Society*, 98, 1935.

Foster, Marguerite H. and Martin, Michael L., eds., *Probability, Confirmation, and Simplicity: Readings in the Philosophy of Inductive Logic*（《概率、证实与简单性：归纳逻辑的哲学读物》）, New York: The Odyssey Press, Inc., 1966.

Goodman, Nelson. "A Query on Confirmation"（《关于证实的一个质疑》）, *Journal of Philosophy*, 43, 1946, 383−385.

—— "On Infirmities of Confirmation-Theory"（《论证实理论的误区》）, *Philosophy and Phenomenological Research*, 8, 1947, 149−151. ［Reply to Carnap (1947, 133−147)］

196

—— *Fact，Fiction and Forecast*（《事实、猜想与预测》），Cambridge，Massachusetts：Harvard University Press，1955.

Hailperin，Theodore. "Foundations of Probability in Mathematical Logic"（《数理逻辑的概率基础》），*Philosophy in Science*，4，2，1936−1937，125−150.

Harrod，Roy. *Foundation of Inductive Logic*（《归纳逻辑的基础》），New York：Harcourt，Brace and Company，1956.

Hawkins，David. "Existential and Epistemic Probability"（《存在与认识概率》），*Philosophy of Science*，10，4，1943，255−261.

Helmer，Olaf，and Oppenheimer，P. "A Syntactical Definition of Probability and the Degree of Confirmation"（《概率和确证度的语法定义》），*Journal of Symbolic Logic*，10，1945，26−60.

Hempei，Carl G. "Inductive Inconsistencies"（《归纳的不协调性》），*Synthese*，12，1960，439−469；Reprinted in his book *Aspects of Scientific Explanation*，New York：The Free Press，1965.

—— "A Purely Syntactical Definition of Confirmation"（《证实的纯语法定义》），*Journal of Symbolic Logic*，8，1943，122−143.

Hesse，Mary. "Induction and Theory-Structure"（《归纳和结构理论》），*The Review of Metaphysics*，18，I，September 1964，109−122.

Hume，D. A. *A Treatise of Human Nature*（《人性论》），Oxford：L. A. Selby-Bigge，ed. ，1896.

—— *An Inquiry Concerning Human Understanding*（《人类理解研究》），La Salle，Illinois：The Open Court Publishing Company，1955.

Katz，Jerrold. *The Problem of Induction and Its Solution*（《归纳问题及其解决》），Chicago：University of Chicago Press，1962.

Kaufman，Felix. "The Logical Rules of Scientific Procedure"（《科学程序的逻辑规则》），*Philosophy and Phenomenological Research*，2，4，1942，457−471.

Kemble，Edwin C. "Is the Frequency Theory of Probability Adequate for All Scientific Purposes?"（《频率概率论对于所有的科学目的都是足够的吗?》），*American Journal of Physics*，10，1942，6−16.

Kemeny，J. G. "A Contribution to Inductive Method"（《归纳法的贡献》），*Philosophy and Phenomenological Research*，13，3，1953，371−374.

—— "Fair Bets and Inductive Probabilities"（《公平赌与归纳概率》），*Journal of Symbolic Logic*，20，3，1955，263−273.

—— "The Use of Simplicity in Induction"（《简单性在归纳中的用途》），*Philosophical*

Review，7，1953，391-408.

—— "Carnap on Probability"（《卡尔纳普论概率》），*The Review of Metaphysics*，5，1，1951，145-156.

—— Review of Carnap，*Logical Foundations of Probability*（《卡尔纳普〈概率的逻辑基础〉的评论》），*Journal of Symbolic Logic*，16，3，1951，205-207.

—— and Oppenheimer，Paul. "Degree of Factual Support"（《事实支持度》），*Philosophy of Science*，19，4，1952，307-324.

197 Keynes，J，M. *A Treatise on Probability*（《概率论》），London：Macmillan and Company，1921，1929，1952.

Kiekkopf，Charles F. "Deduction and Intuitive Induction"（《演绎与直觉归纳》），*Philosophy and Phenomenological Research*，26，3，March 1966，379-390.

Kneale，William Calvert. *Probability and Induction*（《概率与归纳》），Oxford：Clarendon Press，1963.

Korner，W.，ed. *Observation and Interpretation*（《观察与解释》），London，Colston Research Society，ed. by S. Körner with M. H. L. Pryce，New York：Academic Press，1957.

Kyburg，Henry. "The Justification of Induction"（《对归纳的辩护》），*Journal of Philosophy*，53，12，1956，394-400.

—— *Probability and the Logic of Rational Belief*（《概率与合理信念的逻辑》），Connecticut：Wesleyan University Press，1961.

—— *Studies in Subjective Probability*（《主观概率研究》），with Howard E. Smokler，eds. New York：John Wiley and Sons，Inc.，1964.

—— "The Justification of Deduction"（《对演绎的辩护》），*Review of Metaphysics*，12，1，1958，19-25.

—— "Demonstrative Induction"（《归纳证明》），*Philosophy and Phenomenological Research*，21，1，1960，80-92.

—— "Braithwaite on Probability and Induction"（《布雷思韦特论概率与归纳》），*British Journal for the Philosophy of Science*，II，1958.

Laplace，Pierre Simon de. *A Philosophical Essay on Probabilities*（《概率哲学散论》），translated by F. W. Truscott and F. L. Emory，New York：Dover Publishing Company，1951.

Leblanc，Hughes. *Statistical and Inductive Probabilities*（《统计与归纳概率》），New Jersey：Prentice-Hall，1962.

—— "The Positive Instances are No Help"（《正面事例没有帮助》），*The Journal of Philosophy*，60，16，1963，435-462.

—— "Two Probability Concepts"（《两种概率概念》），*Journal of Philosophy*，53，22，

1956, 679−688.

Lehman, R. Sherman. "On Confirmation and Rational Betting"（《论确证与合理赌》）, *Journal of Symbolic Logic*, 20, 3, 1955, 251−262.

Lehrer, Keith. "Knowledge and Probability"（《知识与概率》）, *Journal of Philosophy*, 61, 1964, 368−372.

Lenez, John W, "Carnap on Defining Degree of Confirmation"（《卡尔纳普论证实度定义》）, *Philosophy of Science*, 23, 3, 1956, 230−236.

Levi, Isaac. "Deductive Cogency in Inductive Inference"（《归纳推论中的演绎说服力》）, *Journal of Philosophy*, 62, 1965, 68−77.

—— "Hacking Salmon on Induction"（《哈肯·萨蒙论归纳》）, *Journal of Philosophy*, 62, 1965, 481−487.

Lloyd, A. C. "The Logical Form of Law Statements"（《规律陈述的逻辑形式》）, *Mind*, 64, 255, 1955, 312−318.

Lucas, J. R. "The One Concept of Probability"（《一个概率概念》）, *Philosophy and Phenomeno-logical Research*, 26, 2, December 1965, 180−201.

Madden, Edward H. "The Riddle of Induction"（《归纳之谜》）, *Journal of Philosophy*, 55, 1958, 705−718.

Mill, C. S. *Philosophy of Scientific Method*（《科学方法的哲学》）, ed., with an Introduction by E. Nagel, New York: Hafner Publishing Co., Inc., 1590.

Mises, R. von, *Probability, Statistics and Truth*（《概率、统计与真理》）, New York: The Macmillan Company, 1939.

—— with G. L. Doob, "Discussion of Papers in Probability Theory"（《概率论论文讨论集》）, *Annals of Mathematical Statistics*, 12, 2, 1941, 215−217.

Moore, Asher. "The Principle of Induction"（《归纳的原则》）, *Journal of Philosophy*, 49, 24, 1952, 741−758.

—— "Induction (II), a Rejoinder to Miss Brodbeck"（《归纳第二部分：对布罗德贝克夫人的回答》）, *Journal of Philosophy*, 49, 24, 1952, 750−758.

Nagel, Ernest. "A Frequency Theory of Probability"（《频率概率论》）, *Journal of Philosophy*, 30, 20, 1933, 533−554.

—— *Principles of the Theory of Probability*（《概率论原理》）, Chicago: University of Chicago Press, 1939.

—— "Probability and the Theory of Knowledge"（《概率与知识论》）, *Philosophy of Science*, 6, 2, 1939, 212−253.

—— "Probability and Non-Demonstrative Inference"（《概率与非证明推论》）, *Philoso-*

phy and Phenomenological Research，5，4，1945，485−507.

—— "Is the Laplacian Theory of Probability Tenable?"（《拉普拉斯概率论站得住脚吗?》），*Philosophy and Phenomenological Research*，6，4，1945−1946，614−618.

—— "Reichenbach's Theory of Probability"（《赖辛巴赫概率论》），Review，*Journal of Philosophy*，47，1950，551−555.

—— *The Structure of Science*（《科学的结构》），New York：Harcourt，Brace & World，1961.

Nelson，E. J. "Professor Reichenbach on Induction"（《赖辛巴赫教授论归纳》），*Journal of Philosophy*，33，21，1936，577−580.

Nicod，F. *Foundations of Geometry and Induction*（《几何与归纳的基础》），London：Routledge and Kegan Paul，1930.

Oliver，W. Donald. "A Re-examination of the Problem of Induction"（《归纳问题再考察》），*Journal of Philosophy*，49，25，1952，769−780.

Oliver，James Willard. "Deduction and the Statistical Syllogism"（《演绎与统计三段论》），*Journal of Philosophy*，50，26，1953，805−807.

Pap，Arthur. *Elements of Analytic Philosophy*（《分析哲学的要素》），New York：The Macmillan Company，1949.

—— *An Introduction to the Philosophy of Science*（《科学哲学导论》），New York：The Free Press of Glencoe，1962.

Plantinga，Alvin. "Induction and Other Minds"（《归纳和其他思想》），*The Review of Metaphysics*，19，3，1966，441−461.

Popper，Karl R. "A Set of Independent Axioms for Probability"（《概率的独立公理集》），*Mind*，47，86，1938，275−277.

—— "Probabilistic Independence and Corroboration by Empirical Tests"（《经验性测试的概率独立性和进一步的证据》），*British Journal for the Philosophy of Science*，10，1960，315−318.

—— *The Logic of Scientific Discovery*（《科学发现的逻辑》），New York：Basic Books，Inc.，1961.

Ramsey，Frank P. *The Foundations of Mathematics*（《数学基础》），London：Routledge and Kegan Paul，1931.

Reichenbach，Hans. *Experience and Prediction*（《经验与预测》），Chicago：The University of Chicago Press，1938.

—— "On the Justification of Induction"（《论归纳辩护》），*Journal of Philosophy*，37，4，1940，97−103.

—— "Reply to Donald C. Williams' Criticism of the Frequency View of Probability" (《对唐纳德·威廉姆斯批评频率概率观点的回应》), *Philosophy and Phenomenological Research*, 5, 4, 1945, 508-512.

—— "The Theory of Probability" (《概率论》), Berkeley and Los Angeles: University of California Press, 1949. Translation of his *Wahrscheinlichkeitslehre*, Leiden, 1935.

Royce, Josiah. "The Principles of Logic" (《逻辑学原理》), in *Encyclopedia of the Philosophical Sciences*, ed. by W. Windelband and A. Ruge, I, 1913, 67-135.

Russell, B. *Human Knowledge*, *Its Scope and Limits* (《人类的知识：其范围和限度》), New York: Simon and Schuster, Inc., 1948.

Ryle, G. "Induction and Hypothesis" (《归纳与假设》), *Proceedings of the Aristotelian Society Supplement*, 16, 1937, 36-62.

Salmon, Wesley C. "Inductive Inference" (《归纳推论》), *Philosophy of Science*: *The Delaware Seminar*, ed. by Bernard H. Baumrin, New York: New York Interscience Publisher, 2, 1963.

—— "Regular Rules of Induction" (《归纳的常规规则》), *Philosophical Review*, 6, 1956, 385-388.

—— "Should We Attempt to Justify Induction?" (《我们应该企图为归纳辩护吗?》), *Philosophical Studies*, 8, 1957, 33-48.

—— "The Uniformity of Nature" (《自然的齐一性》), *Philosophy and Phenomenological Research*, 14, 1, 1953-1954, 39-48.

—— "Verification of Induction" (《归纳的证实》) (with comments by S. Barker and R. Ruder), in H. Feigl and G. Maxwell (eds.) *Current Issues in Philosophy of Science*, New York: Holt, Rinehart and Winston, Inc., 1961.

Shimony, Abner. "Coherence and the Axioms of Confirmation" (《相关性和确证公理》), *Journal of Symbolic Logic*, 20, 1, 1955, 1-28.

Stove, D. "Hume, Probability and Induction" (《休谟、概率和归纳》), *Philosophical Review*, 74, 2, 160-177.

Strawson, P. F. *Introduction to Logical Theory* (《逻辑理论导论》), London: Methuen and Company, Ltd., 1952.

Symposium on Probability-Part I (《概率第一部分专题论文集》), *Philosophy and Phenomenological Research*, 5, 4, 1945, 449-532. Papers presented: Donald C. Williams, "On the Derivation of Probabilities from Frequencies" (《论频率概率偏差》), 449-484; Ernest Nagel, "Probability and Non-Demonstrative Inference" (《概率与非证明推论》), 485-507; Hans Reichenbach, "Reply to Donald C. Williams' Criticism of the Frequency Theory of Probability" (《对唐纳德·威廉姆斯批评频率概率论的回应》), 508-512; Rudolf Carnap, "The Two Concepts of Probability"（《概率的两个概念》），513-532.

Symposium on Probability-Part Ⅱ（《概率第二部分专题论文集》），*Philosophy and Phenomenological Research*, 6, 1, 1945, 11-86. Papers presented: Henry Margenau, "On the Frequency Theory of Probability"（《论频率概率论》），11-25; Gustav Bergmann, "Frequencies, Probabilities and Positivism"（《频率、概率和实证主义》），26-44; R. von Mises, "Comments on Donald Williams' Paper"（《唐纳德·威廉姆斯论文评论》），45-46; Donald Williams, "The Challenging Situation in the Philosophy of Probability"（《概率哲学中的挑战情况》），67-86.

Wald, Abraham. "Contributions to the Theory of Statistical Estimation and Testing Hypotheses"（《统计估值理论和假说检验的贡献》），*Annals of Mathematical Statistic*, 10, 1939, 299-326.

—— *On the Principles of Statistical Inference*（《论统计推论的原则》），Notre Dame, 1942.

Whiteley, C. H. "On the Justification of Induction"（《论归纳的辩护》），*Analysis*, 7, 1939-1940.

Will, F. L. "Is There a Problem of Induction?"（《存在归纳问题吗?》），*Journal of Philosophy*, 39, 19, 1942, 505-513.

—— "Generalization and Evidence"（《概括与证据》），in *Philosophical Analysis*, Max Black (ed.), Ithaca: Cornell University Press, 1950.

—— "Justification of Induction"（《归纳的辩护》），*Philosophical Review*, 68, 1939, 359-372. ［Review of G. H. von Wright, *The Logical Problem of Induction*（《归纳的逻辑问题》），2nd rev. ed.; New York: Macmillan Company, 1957］

Williams, Donald C. *The Ground of Induction*（《归纳的基础》），Cambridge, Massachusetts: Harvard University Press, 1947.

Wittgenstein, L. *Philosophical Investigations*（《哲学研究》），New York: Macmillan Company, 1953.

Wright, George Henrick von. *A Treatise on Induction and Probability*（《归纳与概率纲要》），London: Routledge and Kegan Paul, 1961.

—— "On Probability"（《论概率》），*Mind*, 49, 195, 1940, 265-283.

—— *The Logical Problem of Induction*（《归纳的逻辑问题》），New York: Macmillan Company, 1957.

索　引

译后记：谈成中英先生关于归纳有效性问题的研究

一、成中英先生为什么要研究归纳有效性问题

成中英先生研究归纳有效性问题是出于研究哲学。他多次谈到，人在一生中会遇到一些问题。解决这些问题需要透过思想和生活经验去思考，然后设计方案，加以解决。无论解决得好还是不好，都会留下新的经验或教训，都可能成为我们解决下一个问题的方法。哲学从来都来自生活。人们在生活中遇到了政治伦理或生活环境等方面的问题或困惑，于是有了哲学思考。现代逻辑就是为了解决哲学上的疑难问题而得以出现的。据成中英先生自己讲，他留学美国，最初选择美国人都认为难的数理逻辑来学习，可能就有这方面的原因。

成中英先生最关心的是人的整体性和真实性。要把握这些问题，就必须对人的理性认识有深刻的认知。他在华盛顿大学读研究生的第二学期时转入了哲学系，当时他首先就将知识论作为选课之一，教授者是研究模态逻辑的斯穆里安（Smullyan）教授。模态逻辑主要研究在可能性与必然性存在或知识模态下的分析真理，或者说研究人们在一种信仰的语境下怎么表述世界的真实性。知识论问题涉及人与世界之间的关系问题。关于这个问题，总是存在着一种相对主义或怀疑主义的警觉，总觉得我们的知识是相对的，但又总觉得必须追求一种绝对。不过这种追求却永远达不到，于是西方的知识论总是伴随着怀疑主义的质疑而得到发展的。

成中英先生的硕士论文研究摩尔的知觉论，用逻辑和语言分析的观点批评了摩尔的现象主义偏向。当时摩尔的观点影响很大，其认为我们所看到的不是物质世界，而是具体的知觉质料，因此需要建立一种基于现象的对真相的认识论。但很多人认为所谓的真相也不过是现象的一个集合而已，还有一个真正的真相在后面，这就回到了康德的问题。成中英先生认为，仅仅用现象性去说明外部事物是不够的，还应该建造一个可以用语言指涉的对象，因为对象实现为现象或现象实现为对象的那种可能性是不受限制的，所以不能把对象只看作现象归纳的集合，而应该把它看作经由个别经验知识的整合而做

出的理论建设，这种理论随时可以落实到现实当中，但它却不完全把它看作现实中的现象，认为可以根据现象去认识作为对象的真相，这个真相再把理论概念投射到现象，所以有一种主体参与的成分。整个来说，真相是主体跟客观的现象相互交往所产生的对事物的认识，因而有别于柏拉图的实在论。

成中英先生在哈佛大学读博士的第一年选读了奎因教授的逻辑方法课、知识论专家福斯教授的课、归纳逻辑专家威廉姆斯教授的课。知识重建需要逻辑，归纳逻辑寻找其根据也需要逻辑。什么是未来，未来是不是不定的，这牵涉到相对论方面的问题。威廉姆斯教授偏向于决定论，认为未来的东西虽然现在不知道，但一定要么是真的要么是假的。我们不知道到底是真是假，这并不代表这个事件本身没有一个趋向，它不可能永远是未来，就它自身而言，肯定有一个结果。威廉姆斯教授探索的结果是，归纳逻辑也有演绎逻辑推演的保证。成中英先生比较认同威廉姆斯教授的这一研究成果，其博士论文就选择了这个方向，并对威廉姆斯教授的思想有所补充和发展，特别是对相关结论进行了数学的证明。

盘旋在成中英先生心中的常常是科学知识的有效性和可信度问题。为此，他对归纳逻辑涉及的哲学理论问题特别关心，想有所突破。在数学逻辑论文题目未能落实的情况下，他决定先解决归纳逻辑的有效性问题。在威廉姆斯教授、福斯教授的一再鼓励下，成中英先生决定以研究皮尔士和刘易斯的归纳理论为论文题目，以归纳逻辑理论问题为研究对象。奎因教授特别关注成中英先生论文的逻辑内涵与知识论含义。事实上，成中英先生的论文显示了有关经验证据必须逻辑地导向有关知识整体的有效性与可信度，这正是后来奎因教授所强调的自然化的知识论。当时，成中英先生的研究方向很清楚，就是以分析与逻辑哲学为基础，运用科学哲学的知识、方法来掌握人类建立知识的基本规则。这个问题，从休谟到现在一直是公认的根本问题。奎因教授很了解他，也很支持他。奎因教授说这篇论文在逻辑方面完全没有问题，至于论文研究的内容，即是不是可以用归纳逻辑保证知识的有效性，他表示知识必须建筑在经验的归纳上面，如何诠释归纳却仍是开放的哲学问题，对成中英先生的诠释他表示支持。

二、成中英先生在归纳有效性问题研究上的主要观点

成中英先生在归纳有效性问题上的观点是很明确的，就是归纳推理具有与演绎推理类似的有效性。关于这个问题，成中英先生认为，皮尔士和刘易斯也都考虑过，但却没有发扬出来。威廉姆斯教授提到了这个问题，而且写了一部专著，但没有提供数学的证明。成中英先生的研究目标就是：详细说明这个问题在不同哲学个案里的发展情形，并对其给予数学的论证。为此，成中英先生证明了大数法则、大数定律，即当把一个样本从总体中取出时样本的构成比率和总体的构成比率相等的概率最大。在作为论述归纳推理的有效性保证问题时，必须有一个先验的思维基础，而此基础即样本能够代表总体，

而或然率可以是一个逻辑可界定的概念。

关于归纳推理具有与演绎推理类似的有效性，成中英先生赞同威廉姆斯教授的观点，即归纳逻辑也有演绎逻辑推演的保证。其意思是说，一种合理的推论在一定范围内一定有它的有效性，这种有效性的基础是数理统计学。虽然我们不能具体说某件事必然真或者必然假，但是我们可以说它可能真或者可能假。那如何界定可能性呢？通过样本。比如在统计学上，我们可以通过取样和合理的数理结构来推理分析一片森林里有多少只老虎，一个池塘里有多少条鱼。因此，只要你涉及从现在推导未来，从部分推导整体，这个逻辑保证就存在，这样就打消了知识上的怀疑主义，为知识提供了一个方法论上的逻辑基础和保证。成中英先生针对的是西方哲学中的怀疑主义，对归纳逻辑的有效性进行了逻辑与数学的证明，在现有理性的基础上维护了知识开放的有效性。

成中英先生关于归纳推理有效性的观点主要立足于中国本土哲学的整体经验。成中英先生读《易经》，觉得"先天而天不违，后天而奉天时"特别符合他的意思，"先天而天不违"讲的就是先验必然性，"后天而奉天时"讲的是后天规律性，包含或然率的规律性，我们不能要求未来必然符合我们的想法，但是未来也不可能是随便出现的事件。他认为，中国哲人总是从对世界的整体体验出发来感觉世界的存在，所以从来不否认世界的真实性。在他看来，经验是最根本的，而且这个经验是开放的经验。我们对任何事情的认识都是整体的，也许这个整体不够完整，也许这个整体没有很高的层次，但一开始基本上都是整体的，里面包含了部分，包含了一些层次，需要我们在经验中慢慢把它分化出来。本体是一个相互呼应的概念：本立，就会体生；体显，本的意思就有了。我们要掌握它们相对的整体性。

总之，在成中英先生看来，归纳逻辑的有效性问题，实质上是通过归纳所获得的认识是否与归纳一样有效的问题。比如说，我们所有的知识都是基于经验而延伸出来的。基于经验延伸出来，就有一个普遍性的问题。那能不能达到普遍？如果能，这个普遍性怎样得到保证？演绎逻辑和归纳逻辑的差别在于，演绎逻辑是从整体推向部分，归纳逻辑是从部分推向整体。成中英先生认为，从整体推向部分是一种思维理性的逻辑，从部分推向整体也应该是一种思维理性的逻辑。这种思维理性的逻辑，就其是理性的而言具有演绎的本质。也就是说，演绎有两种面向，一种是整体到部分的演绎，一种是部分到整体的演绎。因为我们的理性具有这种能力来做这样的推断，即它自己能够获得一种自我圆融的、一致的表达和证明。这样，我们就没有必要像康德那样用人心灵上觉得好的范畴来规定知识，而是让知识在经验的基础上、从经验的认识上逐渐展开，完全开放，不加限制。任何经验，只要有经验，我们都可以进行推理，而且这个推理是有保证的。也只有这样，我们才可以把现有的东西、特殊的东西扩大成一种普遍性的命题。成中英先生也认为，从部分到普遍，不是一个任意的行为，它本身具有逻辑性。这种逻辑性是可以被说明的，成中英先生用严谨的方式来说明这种逻辑性的合理性，就为归纳逻辑提供了一个逻辑理性的基础，这个逻辑基础是通过大数定理等数学定理来证明的。

三、如何看待归纳有效性问题及成中英先生的研究

归纳以个别性的事实为前提推出一般性的结论。虽然归纳推理的前提都必须是真实的，但与演绎推理相比，归纳推理只具有概然性或或然性，它是或然性的推理。因为归纳推理的结论所断定的知识范围超出了前提的知识范围。

近代哲学家休谟在他的《人类理解研究》中指出，归纳推理从个别到一般，从特殊事实上升到具有普遍必然性的知识没有逻辑上的保证。因为它存在着两个逻辑跳跃：一是从有限推无限；二是从过去、现在推未来。由于有这两个逻辑跳跃，所以对于归纳推理的有效性存在以下质疑：一是不能得到演绎的证明，因为适用于有限的未必适用于无限，适用于过去和现在的未必适用于未来；二是不能得到归纳的证明，因为根据归纳法在实践中的成功去证明归纳就要用到归纳，从而导致无穷倒推或循环论证；三是要以自然齐一律和普遍因果律为基础，但这二者并不具有客观的真理性，它们只不过是出于人们习惯性的心理联想而已。

今天我们知道，休谟对归纳有效性问题提出的前两个质疑都触及了归纳推理的实质，即通过归纳推理，只能得出或然的结论，不能得出必然的结论，归纳推理不具有像演绎推理那样的保真性。当前提都真实时，结论未必都真。这就是说，用演绎推理或归纳推理都不能证明归纳问题的肯定答案："归纳推理既具有保真性又能扩充知识"。当然，用演绎推理或归纳推理也不能证明归纳问题的否定答案："归纳推理不可能既具有保真性又能扩充知识"。因此，演绎推理具有保真性但不能扩充知识，而归纳推理则能扩充知识但不具有保真性。成中英先生所主张的归纳推理也具有与演绎推理类似的有效性，这种有效性显然不应该是如上所指的演绎推理的保真性，而是指或然推理的可靠性，即在一定条件下当前提为真时结论也一定为真。

休谟对归纳有效性提出的第三个质疑是有问题的。休谟认为，归纳推理所依赖的"自然齐一律"和"普遍因果律"这两个基础并不具有客观的真理性，它们只不过是出于人们习惯性的心理联想而已。罗素、彭加勒等人对此进行了有力的驳斥。成中英先生根据皮尔士和刘易斯的观点，尤其根据威廉姆斯的观点，也对此进行了反驳，他指出我们不能要求未来必然符合我们的想法，但是未来也不可能是随便出现的事件，强调自然规律和因果律的普遍性与客观性。

成中英先生认为，通过大数法则等数学原则可以提高归纳推理的有效性。他所说的有效性，其实就是归纳推理的可靠性、合理性。大数法则等数学原则，相对于归纳推理来说，都在归纳推理中加进了演绎的因素，在归纳中有演绎，在综合中有分析。成中英先生强调整体因素对于归纳推理可靠性的作用，这是非常值得注意的。中国古代逻辑中讲"观一斑而见全豹"，为什么根据这个"一斑"就能知道"全豹"呢，其实重要的就

是这个"一斑"代表了整体,具有代表性。

成中英先生提出,是不是应该有一个"综合逻辑"?他认为我们要获得关于外部世界的知识,就必须从经验开始,但经验是非常复杂的,所以人们的认识又必须根据部分来推测整体。成中英先生在总结现象学认识论的基础上认为,人的意识和客观世界、现象和本质并不是绝对对立的,通过对现象与自我经验的认识就能把握本质和本体。然而,要保证从部分推出整体的归纳推理的有效性,成中英先生强调归纳推理应该具有开放性,必须具有整体观。

在我看来,成中英先生提出的"综合逻辑"肯定不是纯粹演绎意义上的逻辑。这种逻辑至少应该包括哲学和认识论。休谟对归纳推理有效性所提出的质疑,除了演绎逻辑上的理由外没有任何事实的理由。他由可设想性推出可能性,即 $Cp \Rightarrow \Diamond p$。但问题是,具有逻辑上的可能性不一定就具有物理上的可能性,如非 H_2O 的水具有逻辑上的可能性,但不具有物理上的可能性。综合逻辑应该是逻辑上可能同时在事实上也可能的逻辑学说。归纳逻辑应该是这个综合逻辑的基础部分。

四、翻译成中英先生《皮尔士和刘易斯的归纳理论》一书的由来

成中英先生《皮尔士和刘易斯的归纳理论》一书,是他在自己哈佛大学博士论文的基础上撰写的,我得以做该书的翻译工作,非常荣幸,也非常偶然,可以说是机缘巧合。

某一天的早上,杨庆中跟我说,有一个关于成中英先生的会议,希望我在会上谈谈成先生早年关于归纳问题的研究。庆中为什么让我来谈这个问题,我当时想主要是因为两年前在人大和辅仁哲学论坛上我与他交流过归纳问题。事实上,对归纳问题,我虽然有些思考,但远谈不上研究。关于成中英先生这方面的研究成果,我更是知之甚少。但是,我与成中英先生有过接触,他研究的问题和他的研究方法都是我非常感兴趣的。我和他的接触,第一次是 2010 年 7 月在中国人民大学召开的"中国哲学形上学与认识论"学术会议上,经过温海明介绍,我和成中英先生交换过名片。第二次接触,是一次偶然的机会,我到北大历史系听他给研究生讲授康德的二律背反,其间,我和他交流过,但当时他未必记住了我。这次要讨论成先生对归纳逻辑的研究,又是温海明给了我他的手机号码,让我直接给他打电话,虽然电话中没有讲清楚,但之后我和成中英先生在南开大学召开的"第二届国际中国逻辑史研讨会"上有更深一步的交流。成中英先生在确切知道我要写他早年关于逻辑问题研究的文章后,在餐桌边又和我说了好多话。他当时说得很多、很好,但我未能全部记住。会后,成中英先生专门让华东师范大学的一位老师给我寄来相关文献,加上庆中为我提供的一些材料,我就开始一边学习一边研究,获得了一些认识,初步写成了《谈成中英先生关于归纳有效性问题的研究》一文,该文曾经在关于成中英先生的学术贡献的会议上发表过。

　　正是在这个学术会议上，中国人民大学出版社学术出版中心杨宗元主任希望由我来翻译成中英先生的《皮尔士和刘易斯的归纳理论》。拿到著作后，经过了大概一年时间的阅读，我才开始慢慢翻译。此时，我招收了一名博士生李波，他的博士论文研究主题确定为研究因果关系的概率刻画问题。三年多来，我一边指导博士生，一边翻译成中英先生的著作。译稿完成后，出版社的罗晶编辑做了大量细致、深入、烦琐的校改和中英文对照工作，十分辛苦。我认为，成中英先生的著作对于目前中国逻辑界依然十分重要，尤其对归纳逻辑及其哲学等方面的研究将会产生重要影响。当然，翻译中肯定存在着一些未能充分体现成中英先生思想及前人思想的地方，希望读者批评指正。

杨武金

2017 年 1 月 18 日于中国人民大学人文楼

图书在版编目（CIP）数据

成中英文集. 第十卷，皮尔士和刘易斯的归纳理论/成中英著；杨武金译. —北京：中国人民大学
出版社，2017.5
ISBN 978-7-300-23720-6

Ⅰ.①成… Ⅱ.①成…②杨… Ⅲ.①哲学-文集②归纳-文集 Ⅳ.①B-53②B812.3-53

中国版本图书馆 CIP 数据核字（2016）第 285581 号

成中英文集·第十卷
皮尔士和刘易斯的归纳理论
成中英　著　杨武金　译
Peirce he Lewis de Guina Lilun

出版发行	中国人民大学出版社		
社　　址	北京中关村大街 31 号	邮政编码	100080
电　　话	010－62511242（总编室）	010－62511770（质管部）	
	010－82501766（邮购部）	010－62514148（门市部）	
	010－62515195（发行公司）	010－62515275（盗版举报）	
网　　址	http://www.crup.com.cn		
	http://www.ttrnet.com（人大教研网）		
经　　销	新华书店		
印　　刷	涿州市星河印刷有限公司		
规　　格	185 mm×260 mm　16 开本	版　　次	2017 年 5 月第 1 版
印　　张	12.25 插页 3	印　　次	2017 年 5 月第 1 次印刷
字　　数	242 000	定　　价	78.00 元